稠油注汽系统
节能监测与评价方法

马建国 编著

石油工业出版社

内容提要

本书介绍了稠油注汽系统工艺,全书以注汽锅炉、注汽管线、注汽井筒为线索详细阐述了稠油注汽系统的节能监测方法、节能评价方法,并结合注汽系统能耗分析,介绍了相关提效措施。

本书可用于油田节能管理人员作为业务指南,也可作为节能监测人员的技术参考和相关技术人员的培训教材。

图书在版编目（CIP）数据

稠油注汽系统节能监测与评价方法/马建国编著.
—北京：石油工业出版社，2018.11
ISBN 978-7-5183-2577-1

Ⅰ.①稠… Ⅱ.①马… Ⅲ.①稠油开采-热力采油-油气田节能-监测 Ⅳ.①TE355.9

中国版本图书馆 CIP 数据核字（2018）第 166502 号

出版发行：石油工业出版社
　　　　　（北京安定门外安华里2区1号　100011）
　　　　　网　　址：www.petropub.com
　　　　　编 辑 部：（010）64523553
　　　　　图书营销中心：（010）64523633
经　　销：全国新华书店
印　　刷：北京中石油彩色印刷有限责印公司

2018年11月第1版　2018年11月第1次印刷
880毫米×1230毫米　开本：1/32　印张：6.375
字数：170千字

定价：38.00元
（如出现印装质量问题，我社图书营销中心负责调换）
版权所有，翻印必究

《稠油注汽系统节能监测与评价方法》编写组

主　编：马建国
副主编：葛苏鞍　曲江涛
成　员：何　静　赵福生　徐丽梅
　　　　帕尔哈提·阿布都克里木
　　　　余晓波　杨　斌　夏　玮
　　　　葛永广

前　　言

  油田注汽系统是稠油热力采油技术的重要组成部分，是稠油油田节能监测的关注重点。依据国家和行业有关能源法规和技术标准，通过对注汽系统用能状态测试、能效水平分析，对其能源利用状况做出科学评价，提出有针对性的节能改进建议，能够为稠油注汽开采的节能管理和技术改造提供决策支持，有助于提高注汽系统的用能水平。

  在稠油产量和能耗不断上升的现实状况下，为了科学认识稠油注汽系统能耗分布和相关节能监测技术、评价方法，历时 3 年，在大量技术研究和实践后，完成了本书的编撰。本书在介绍稠油注汽系统工艺基础上，以注汽锅炉、注汽管线、注汽井筒为线索，着重阐述了注汽系统的节能监测方法、节能评价方法，并结合注汽系统能耗分析，介绍了相关提效措施。全书共分 5 章：

  第 1 章围绕注汽系统组成，概要介绍稠油热采主要工艺及基本原理，讲解常用注汽锅炉、注汽管线和注汽井筒的基本结构与特点。

  第 2 章介绍注汽系统的节能监测方法，主要包括注汽锅炉、注汽管道与注汽井筒节能监测的测试内容、测试要求、测试参数、测试方法、计算方法和监测报告编写要求等内容。

  第 3 章介绍常用注汽锅炉、注汽管道与注汽井筒的节能评价参数计算方法、评价指标和监测结果评价。

  第 4 章分析注汽系统能耗构成，主要包括常用注汽锅炉能耗分析、注汽管网能耗分析和注汽井筒能耗分析。

  第 5 章介绍注汽系统节能提效措施，主要包括常用注汽锅炉、注汽管网与注汽井筒的管理措施和技术措施，为稠油热采企业实施注汽系统节能改造提供技术参考。

  本书具有较高的技术性、实用性和专业性，可作为油田节能管理人员的业务指南、节能监测人员的技术参考和相关技术人员的培训教材。

  本书由马建国策划并统筹编排，并负责全书校对审核。本书主要技术观点来自中国石油天然气集团有限公司西北油田节能监测中心人员（葛苏鞍、何静、帕尔哈提·阿布都克里木、葛永广）的技术研究，新疆油田能源管理人员（曲江涛、赵福生、夏玮）和基层技术人员（徐丽梅、余晓波、杨斌）相关实践，并获得西南石油大学敬加强教授的技术支持；在书稿整理方面获得了西南石油大学陈小双、吴成的鼎力相助；同时消化吸收了相关专家、学者提供的技术资料及网络图表，在此一并表示感谢！

  由于编者经验、水平有限，疏漏之处恐难避免，欢迎广大读者批评指正。

马建国

2018 年 10 月

目 录

1 稠油注汽系统组成 …………………………………………（1）
　1.1 稠油特性与开采技术 …………………………………（1）
　1.2 油田注汽锅炉 …………………………………………（8）
　1.3 注汽管道 ………………………………………………（32）
　1.4 注汽井 …………………………………………………（37）

2 稠油注汽系统节能监测方法 ………………………………（44）
　2.1 注汽锅炉节能监测方法 ………………………………（44）
　2.2 注汽管道节能监测方法 ………………………………（81）
　2.3 注汽井筒节能监测方法 ………………………………（93）

3 稠油注汽系统节能评价方法 ………………………………（107）
　3.1 注汽锅炉节能评价 ……………………………………（107）
　3.2 注汽管道节能评价 ……………………………………（116）
　3.3 注汽井筒节能评价 ……………………………………（122）

4 稠油注汽系统能耗分析 ……………………………………（125）
　4.1 注汽锅炉能耗分析 ……………………………………（125）
　4.2 注汽管网能耗分析 ……………………………………（138）

  4.3　注汽井筒能耗分析……………………………………（141）
5　稠油注汽系统节能提效措施……………………………………（144）
  5.1　注汽锅炉节能提效措施………………………………（144）
  5.2　注汽管网节能提效措施………………………………（158）
  5.3　注汽井筒节能提效措施………………………………（162）
参考文献……………………………………………………………（165）
附录 A　锅炉试验数据综合表……………………………………（168）
附录 B　烟气、灰和空气的平均比定压热容……………………（185）
附录 C　常用气体有关量值………………………………………（186）
附录 D　地面设备及管道总放热系数 α 的计算 ……………（187）

1 稠油注汽系统组成

我国稠油资源丰富，热力采油是目前稠油开采的主要方法。通常将蒸汽吞吐、蒸汽驱、蒸汽辅助重力泄油的热力采油方式统称为稠油注蒸汽热力采油方法，通常将注蒸汽热力采油过程中的注汽锅炉、蒸汽输送管道、注汽井筒及附件等用于产生、输送蒸汽到注汽井底的系统称为稠油注汽系统（简称注汽系统）。注汽系统不仅能耗高，注入油层的蒸汽质量还会影响到稠油的采收率和开发方案的顺利实施。因此，加强注汽系统节能监测、进行科学评价、提出有效的节能措施是注汽热采降本增效的重要环节。本章将围绕稠油注汽系统的基本构成，概括介绍稠油基本特性，主要开采方式及基本原理，阐明常用注汽锅炉、注汽管道与井筒的基本结构与特点，为注汽系统节能监测与评价提供研究对象。

1.1 稠油特性与开采技术

通常将黏度高、相对密度大的原油称为稠油，即高黏度重质原油，又被称为重油或沥青砂油。下面主要介绍稠油分类标准、基本特性、资源分布现状以及开采技术等。

1.1.1 稠油分类标准

稠油可以通过黏度或密度指标来表示其特性，我国石油行业将稠油分为三类：普通稠油、特稠油和超稠油，其分类标准见表1.1。其中，黏度作为第一指标，密度作为辅助指标，若某种油品的黏度超过分类界限而密度没有达到辅助指标，就按黏度指标分类。

表 1.1　中国石油行业稠油分类标准

稠油分类			主要指标	辅助指标
名称	类别		黏度，mPa·s	相对密度（20℃）
普通稠油	Ⅰ		50①（或 100）～10000	>0.9200
	亚类	Ⅰ-1	50①～150①	>0.9200
		Ⅰ-2	150①～10000	>0.9200
特稠油	Ⅱ		10000～50000	>0.9500
超稠油（天然沥青）	Ⅲ		>50000	>0.9800

① 表示油藏条件下原油的黏度，其他表示油藏温度下脱气原油的黏度。

1.1.2　稠油基本特性

稠油具有以下基本特性：

（1）稠油黏度对温度非常敏感，且随温度升高而急剧下降。

（2）稠油中胶质、沥青质含量高，轻质馏分含量低，稠油密度和黏度随胶质、沥青质含量增加而增大。

（3）稠油中硫（S）、氧（O）、氮（N）、磷（P）等杂质原子含量普遍较高，但与其他国家相比，我国稠油硫含量较低。

（4）稠油中通常含有镍（Ni）、铁（Fe）、锰（Mn）和钒（V）等金属元素，对稠油黏度的影响极其显著。

（5）稠油中石蜡含量一般较低，通常在 5%左右，但也有少数油田存在沥青质和石蜡含量都高的"双高原油"。

（6）稠油具有蒸馏、热裂解和热膨胀等热特性。

（7）同一稠油油藏中，即使是垂直方向油层的不同井段或平面上各井之间，原油性质往往也存在很大区别，因此同一油田或油区的原油性质差别可能会很大。

1.1.3　稠油资源分布现状

全球稠油资源丰富（图 1.1），分布十分广泛。稠油、超稠油、油砂和沥青约占世界石油资源总量的70%，加拿大、委内瑞拉、中国、美国是稠油资源分布的主要国家。据统计，全球已探明常规原油地质储量超过4.20×10^{11}t，而稠油（含沥青）地质储量也超过1.55×10^{12}t，这预示着稠油极有可能成为今后全球的重要能源之一。中国已在15个大中型含油气地区和盆地中发现储量可观的稠油油藏，总地质储量超过2.06×10^{9}t。

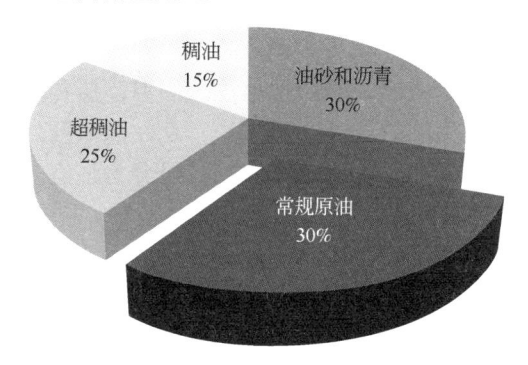

图1.1　全球石油资源分布

1.1.4　稠油开采技术现状

尽管全球稠油资源储量丰富，但目前全球的稠油年产量仅占原油年总产量的10%左右。由于稠油黏度高、流动性差，有的甚至在油藏中都无法流动，一般开采轻质油藏的技术方法很难满足稠油经济高效开发的要求。目前提高稠油油藏产量的主要措施是降低稠油黏度、提高油藏渗透率及增大生产压差，配套技术主要包括化学驱油、注蒸汽热采、火烧油层、热水/化学吞吐及携砂冷采等。

热力采油是目前主要的稠油开采方法，其原理为，在地面或地下通过某种手段产生大量热量并引入油层，利用稠油对温度的敏感性降低其黏度、改善其流动性，从而提高稠油采收率。

针对不同稠油分类，目前热力采油技术主要有蒸汽吞吐 SS（Steam Soak）、蒸汽驱 SF（Steam Flooding）、热水驱 HWF（Hot Water Flooding）、蒸汽辅助重力泄油 SAGD（Steam Assisted Gravity Drainage）和火烧油层 ISC（In-Situ Combustion）。其中蒸汽吞吐、蒸汽驱和蒸汽重力辅助泄油是国内目前主要热力采油方式。

1.1.4.1 蒸汽吞吐

蒸汽吞吐是指向油井周期性地注入高温高压蒸汽，然后焖井一段时间再开井生产的稠油开采方法。从注蒸汽开始至油井不能正常生产为止的时间段称为一个周期，可分为注汽（吞，几天到数周）、焖井（焖，几天，热量扩散、原油变稀）和开井生产（吐，几周到数月）三个阶段，如图1.2所示。

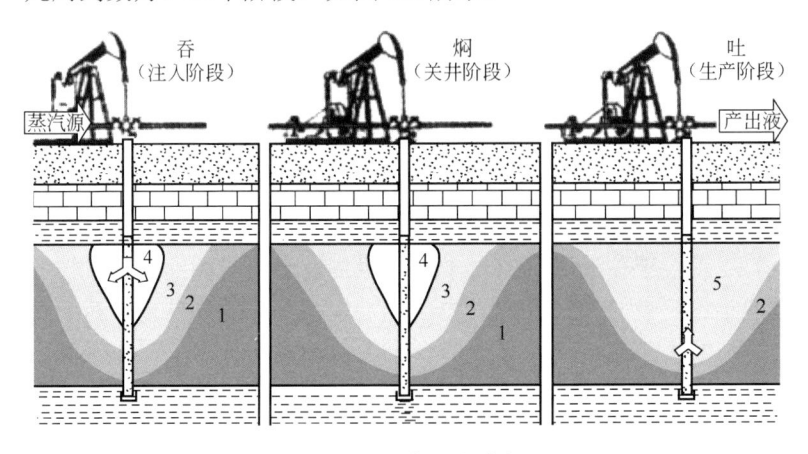

图 1.2 蒸汽吞吐过程

1—冷原油；2—加热带；3—蒸汽凝结带；
4—蒸汽带；5—流动原油与蒸汽凝结水

1.1.4.2 蒸汽驱

蒸汽驱是指根据开发方案按一定井网分布方式，从注汽井连续注入高温高压蒸汽，周围生产井以一定产量生产的开采方法。注入蒸汽既加热油层，还驱替原油向生产井运移。在蒸汽驱过程中，蒸汽在注入井到生产井的过程中会形成几个不同的温度带，可分为蒸汽及部分冷凝水带、热水带、热油带和原始油带，如图 1.3 所示。

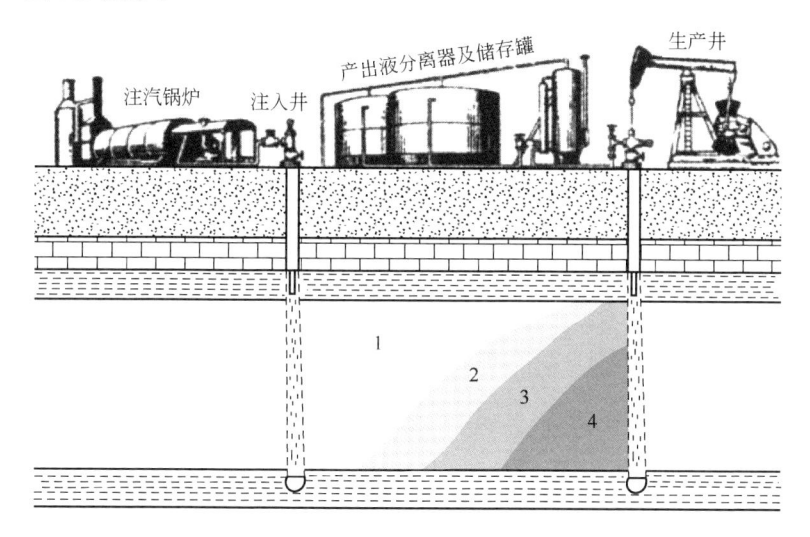

图 1.3 蒸汽驱过程

1—蒸汽与冷凝水带；2—热水带；3—热油带；4—原始油带

1.1.4.3 蒸汽辅助重力泄油

蒸汽辅助重力泄油（SAGD）是以蒸汽为加热介质，将热传导和热对流结合，并依靠稠油及凝析液的重力作用来开采稠油的方式，如图 1.4 所示。当高干度蒸汽从注入井注入油层时，蒸汽向其上方及侧面移动，形成饱和蒸汽腔，蒸汽在汽液界面冷凝，并通过热传导将周围稠油加热。稠油受热后黏度大大降低，与蒸汽冷凝液一起在重力作用下逐渐流入底部生产井，从而可将稠油采出。水平井 SAGD 的布井方式可分为三种：第一种为上部注汽、下部采油的双水平井［图 1.4（a）］；第二种是水平井—直井组合方式，上部直井注汽，下部水平井采油，上部直井注入的蒸汽将油层加热并向上和向侧面移动，形成蒸汽室，被加热降黏的原油与凝析液在重力作用下流入下部水平井而被采出［图 1.4（b）］；第三种是单井 SAGD，即在同一水平井口下入注汽和采油套管柱，通过注汽管柱向水平井最顶端注汽，使蒸汽腔沿水平井逆向发展［图 1.4（c）］。与成对水平井 SAGD 相比，单井 SAGD 适用于厚度为 10～15m 的油藏。

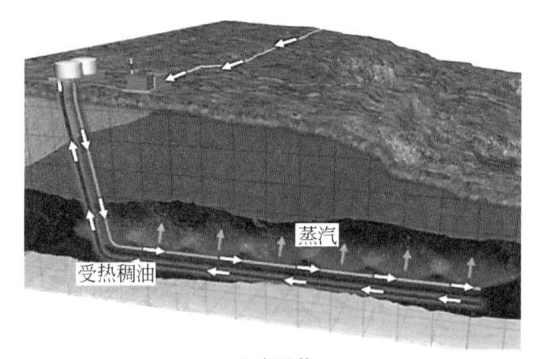

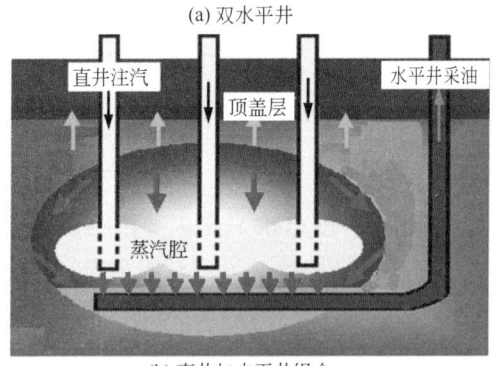

(a) 双水平井

(b) 直井与水平井组合

(c) 单井

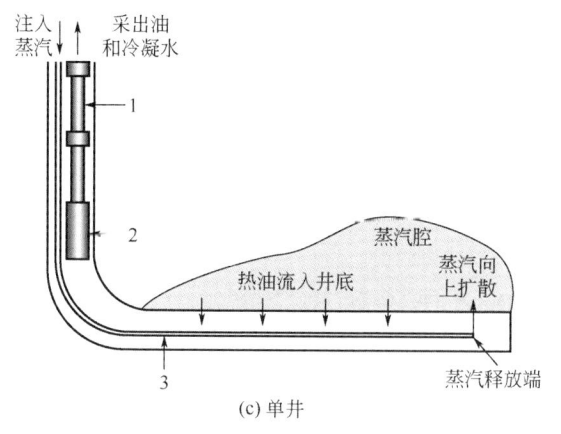

图 1.4　三种 SAGD 布井方式

1—生产油管；2—泵；3—隔热连续油管

1.1.5　稠油注汽系统

SY/T 0027—2014《稠油注汽系统设计规范》中定义的稠油注汽系统主要包括注汽站和注汽管道，但在研究和分析注汽系统效率和热损失时，还应考虑注汽井筒热损失。因此，这里所指的稠油注汽系统主要包括注汽锅炉、注汽管道和注汽井筒，其系统组成如图 1.5 所示。

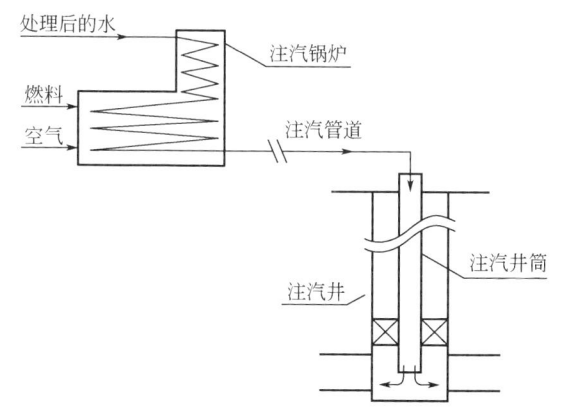

图 1.5　稠油注汽系统组成

注汽系统生产工艺主要有注汽站—配汽站—井口、注汽站/锅炉—配汽橇—井口、注汽锅炉—井口三种，各节点通过注汽管道连接。其中，注汽锅炉从安装方式上可分为移动式和橇装式；从燃料上可分为燃油、燃气、燃煤注汽锅炉；注汽管道按连接方式可分为星状布网、二级布站和枝状布网；常见注汽井包括直井和水平井。

1.2 油田注汽锅炉

目前油田常见的注汽锅炉主要是直流锅炉（稠油热采蒸汽发生器），它是稠油注蒸汽热采的专用设备。随着锅炉设计制造技术的进步，在煤炭资源比较丰富的地区，循环流化床锅炉、链条炉排锅炉等燃煤锅炉在稠油注汽热采中得到广泛应用。因此本书所指的注汽锅炉主要包括直流锅炉、循环流化床锅炉和链条炉排锅炉。

1.2.1 直流锅炉

油田注汽直流锅炉是稠油注蒸汽热采的专用设备，本节主要介绍油田注汽直流锅炉的结构、工作原理、基本特性参数、特点等。

1.2.1.1 结构

油田注汽直流锅炉由锅炉本体和辅助设备组成，如图 1.6 所示。锅炉本体结构一般由圆筒形的辐射段（炉膛）、箱型的对流段和半圆形通道的过渡段组成，辅助设备包括给水预热器（或给水换热器）、燃烧器、控制柜（仪表与自控系统）、鼓风机、空压机和给水泵（常用柱塞泵）等。

燃料在锅炉的辐射段（炉膛）内燃烧放热变为烟气，烟气依次流经过渡段、对流段加热工质。为了保证对流段尾部烟气不低于酸露点，进入对流段尾部受热面的给水需保证在120℃以上。

锅炉给水首先进入给水预热器，加热到120℃以上后进入对流段，经对流段加热后再回到给水预热器作为高温热源加热锅炉给水，最后进入辐射段吸热后生成一定温度和压力的湿饱和蒸汽。

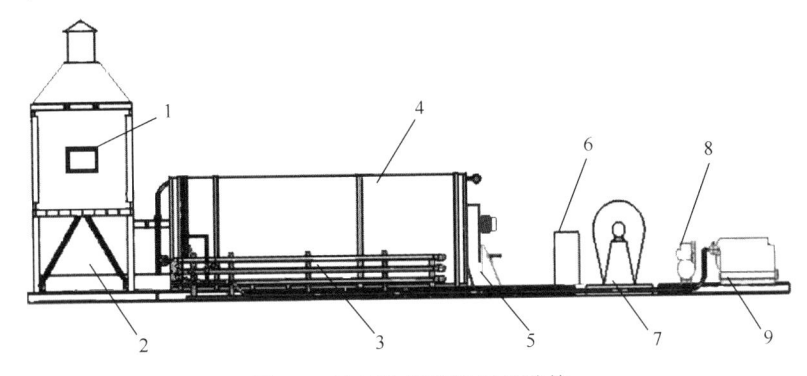

图1.6 油田注汽直流锅炉结构

1—对流段；2—过渡段；3—给水预热器；4—辐射段；5—燃烧器；

6—控制柜；7—鼓风机；8—空气压缩机；9—给水泵

（1）给水预热器：图1.7为典型油田注汽直流锅炉给水预热器，它是一种双管换热器结构。从对流段出来的高温水进入内管，从柱塞给水泵来的低温水进入外管，经过换热提高对流段进口水温，避免烟气中的硫酸蒸气凝结在对流段的翅片管上造成低温腐蚀。图1.8为典型双管SG50锅炉给水预热器的结构。

图1.7 典型油田注汽直流锅炉给水预热器

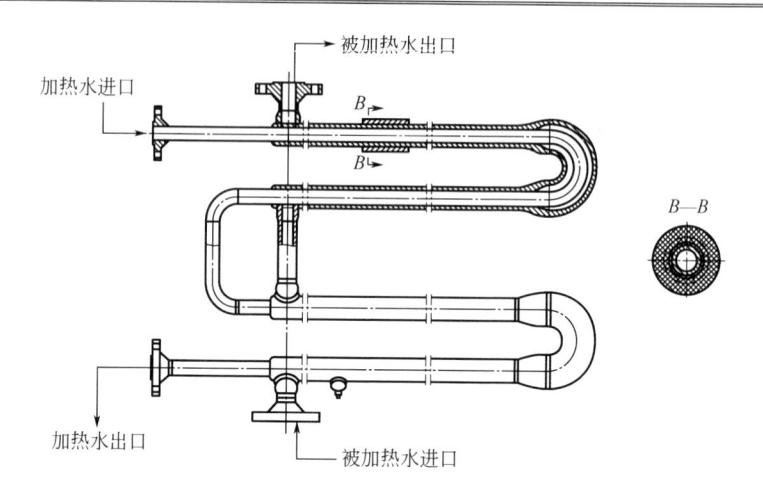

图 1.8 SG50 锅炉给水预热器结构

（2）对流段：是注汽锅炉的辅助受热面，也是烟气和给水的换热器，通常由光管和翅片管组成，布置在锅炉尾部烟道内，主要通过对流换热方式吸收锅炉尾部烟气热量加热锅炉给水，以降低排烟温度，减少锅炉排烟热损失。

常见对流段有方形和梯形两种结构，如图 1.9 所示。由于梯形对流段烟气通道面积逐渐变小，相应烟气流速逐渐增加，烟气冲刷效果好，不易积灰。对流段的炉管是单路和直管，并在炉壳内多层平行往复交叉排布。但在对流段入口处烟气温度高达 870～980℃，如此高的温度会烧坏翅片管，因此一般在对流段下部采用 3～4 层光管。高温烟气先经光管将温度降至 650～750℃，然后再经过翅片管，故这几层光管也称为温度缓冲管，如图 1.10 所示。

对流管束采用翅片管加大了受热面积。若完成同样的换热量，使用翅片管仅为光管数量的 1/3，使用翅片管不仅节省钢材，而且使对流段结构紧凑，便于运输、安装等。

1 稠油注汽系统组成

(a) 梯形　　　　　　　　　(b) 方形

图 1.9　常用直流锅炉对流段外形

(a) 梯形　　　　　　　　　(b) 方形

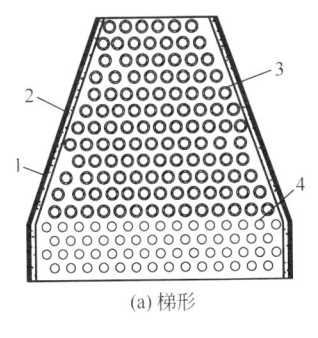

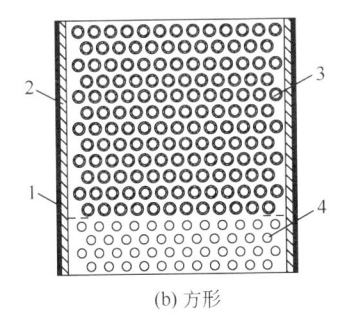

图 1.10　常用直流锅炉对流段剖面
1—钢板；2—绝热层；3—翅片管；4—光管

（3）过渡段：是连接注汽锅炉辐射段与对流段的半圆形通道，其结构如图 1.11 所示，也是辐射段与对流段的烟气通道。过渡段壳体是由钢板卷制的弧形结构，内衬耐火浇注材料和硅酸铝纤维保温层。过渡段可以减弱辐射段的烟气对对流段光管的冲刷，减少对流段管束上烟尘与焦质体的凝结，延长对流段使用寿命，改善对流段的换热效率，延长对流段的除尘周期。通常卧式对流段不设置过渡段。

（4）辐射段：由筒体、管束、内衬耐火保温层（炉衬）等组成。常见筒体为圆形结构，由钢板卷制组焊而成，如图 1.12 所示。

筒体内侧靠近炉衬往复排列若干根无缝特种钢管，用 180°弯头连成管束（炉管），中间形成炉膛。

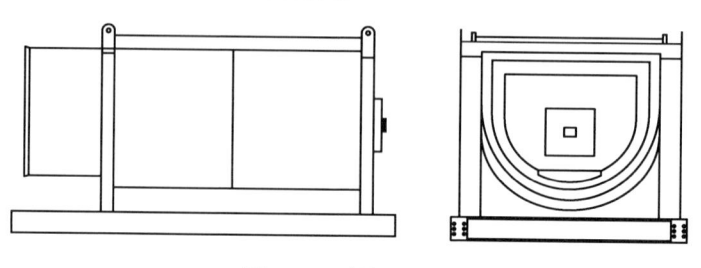

图 1.11 过渡段结构

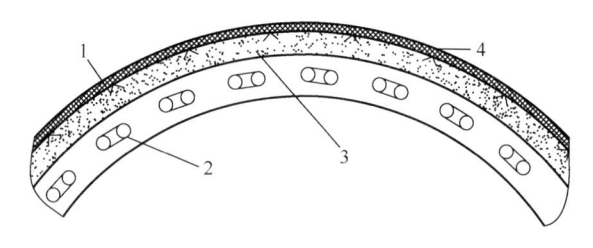

图 1.12 辐射段结构

1—人字抓钉；2—炉管；3—耐火和绝热材料；4—筒体

辐射段是注汽锅炉的主要受热面，炉膛内的炉管直接接受火焰的辐射热、烟气的对流热与炉衬的反射热，炉管吸收的热量约占锅炉出力的 60%，使炉管内的水变成一定压力、温度及干度的湿饱和蒸汽。

辐射段是注汽锅炉反应最为强烈、温度最高的区域，炉膛平均温度约为 950℃。为保护辐射段钢板外壳，提高炉膛传热效率，减少筒体外表面散热，需要在注汽锅炉筒体内衬耐火材料和绝热材料，一般要求注汽锅炉正常运行时外壁表面温度低于 50℃。

21 世纪初，出现了方形结构辐射段筒体。与圆形筒体相比，相同横截面积下方形结构的筒体可布置更多管束，提高换热面积，节省一定的占用空间，如图 1.13 所示。

1 稠油注汽系统组成

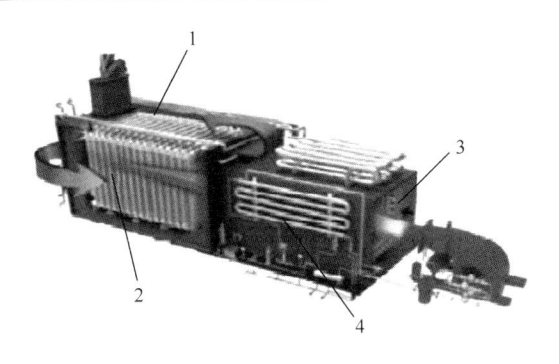

图 1.13 方形结构辐射段

1—对流段；2—过渡段；3—辐射段；4—给水预热器

（5）汽水分离器：从辐射段出来的湿饱和蒸汽，经汽水分离器分离（图1.14）后，分离出来的炉水经过滤器进入取样冷却器降温，用于蒸汽干度测量；绝大部分饱和蒸汽经过汽水分离器后的安全阀和蒸汽出口截止阀送入注汽管道。

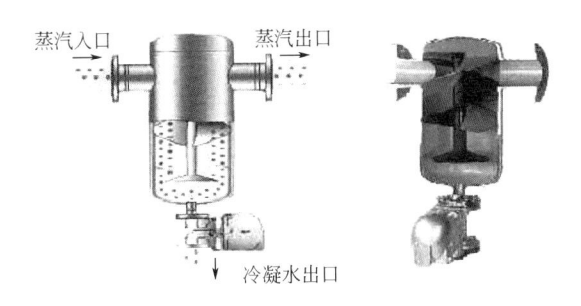

图 1.14 锅炉旋流式汽水分离器

（6）燃烧器：将燃料和空气以一定方式连续地送入炉膛，并充分混合，使燃料能够迅速而稳定地着火和燃烧，按燃料类型可分为燃油燃烧器、燃气燃烧气以及油气两用燃烧器。燃烧器作为一种自动化程度较高的机电一体化设备，通常包含送风系统、点火系统、控制与检测系统、燃料系统四大系统。典型燃烧器如

图 1.15 所示。国内早期一般采用北美油气两用燃烧器 [图 1.15（a）]，属于 19 世纪 70 年代技术水平。随着燃烧器生产技术的不断进步和对污染排放的控制，目前实际应用的燃烧器主要有意大利利雅路燃烧器 [图 1.15（b）]、芬兰奥林燃烧器 [图 1.15（c）]、德国扎克燃烧器 [图 1.15（d）]，国产燃烧器在注汽锅炉上也有了一定的应用。

(a) 北美两用燃烧器 　　　　(b) 意大利利雅路燃烧器

(c) 芬兰奥林燃烧器 　　　　(d) 德国扎克燃烧器

图 1.15　典型燃烧器

（7）自动控制系统：主要包括程序控制系统和运行参数控制系统，前者也称为时序控制系统，用来完成锅炉启动、运行、停止等过程的控制和安全保护；后者主要对蒸汽参数进行控制，其目的是保证锅炉平稳经济运行，提高锅炉热效率。目前，各油田普遍把节能技术与控制技术相结合，不断引入变频控制、含氧量

在线监测、远程参数监测等技术，力求实现锅炉控制的经济性、科学性与智能性。

1.2.1.2 工作原理

如图 1.16 所示，油田注汽直流锅炉工作时，由水处理系统来的锅炉给水进入柱塞给水泵升压，经过计量后进入给水预热器，将给水温度提高到120℃以上后进入对流段，在对流段将吸收约40%的热量；经对流段升温后的锅炉给水作为高温热源再次进入给水预热器，为从柱塞给水泵来的低温给水预热，最后进入

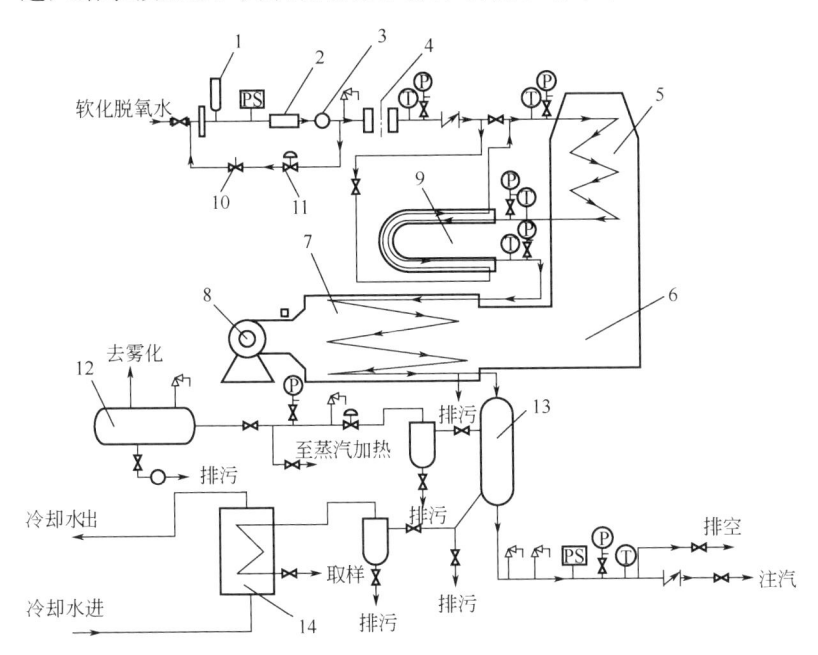

图 1.16 油田注汽直流锅炉工作流程

1—进口减震器；2—柱塞泵；3—出口减震器；4—差压变送器；5—对流段；
6—过渡段；7—辐射段；8—鼓风机；9—给水预热器；10—回水调节阀；
11—调节执行器；12—雾化分离器；13—汽水分离器；14—取样器

— 15 —

辐射段；水在辐射段中流经全部串联炉管，吸收约 60%的热量，变成锅炉运行压力和饱和温度、控制干度下的湿饱和蒸汽。饱和蒸汽进入锅炉蒸汽出口的汽水分离器，分离出少量的炉水水样用于蒸汽干度分析，绝大部分蒸汽经安全阀和截止阀送入注汽管道。同时，燃料与鼓风机送入的适量空气经燃烧器充分混合后连续在炉膛内燃烧，放出热量，高温火焰和烟气将辐射段炉管内的水将加热，并汽化生成水蒸气；高温烟气经过渡段流入对流段，与对流段管束内的锅炉给水换热后排入大气。

1.2.1.3 基本特性参数

油田注汽直流锅炉的性能参数主要包括锅炉容量、蒸汽压力、蒸汽温度、蒸汽干度、热效率、排烟温度等。

（1）锅炉容量：又称锅炉出力，蒸汽锅炉用蒸发量表示。在确保安全的情况下，蒸汽锅炉在长期连续运行时，每小时所产生的蒸汽量称为其蒸发量，常用符号 D 表示，单位为吨每小时（t/h）。锅炉蒸发量包括额定蒸发量、最大蒸发量和实际蒸发量，其中额定蒸发量表示锅炉采用设计的燃料品种，在设计工作压力、温度和干度下长期连续运行时，每小时所能产生的蒸汽量；最大蒸发量表示锅炉在实际运行中每小时所能产生的最大蒸汽量；实际蒸发量是指锅炉在实际运行中每小时所产生的蒸汽量。

（2）蒸汽参数：锅炉出口处的额定蒸汽压力（表压）、温度及干度等参数。对于生产饱和蒸汽的锅炉，常用指标为蒸汽压力和蒸汽干度；而对生产过热蒸汽的锅炉则需分别标明其压力和蒸汽温度。

（3）热效率：同一时间内锅炉有效利用热量与输入热量的百分比。

（4）排烟温度：锅炉尾部受热面后排入大气的烟气温度，过高的排烟温度将降低锅炉的热效率。排烟温度的高低主要与锅炉型号、结构、燃料种类、燃烧方式、受热面的设置与清洁程度、运行操作技术、空气系数大小等因素有关。

1 稠油注汽系统组成

常用油田注汽直流锅炉的特性参数见表 1.2。

表 1.2 常用油田注汽直流锅炉的特性参数

参数	型号		
	YZG11.2-21-D	YZG23-17.5-D	YZG50-17.2-D
额定蒸发量，t/h	11.2	23	50
额定蒸汽温度，℃	370	353	353
额定工作压力，MPa	21	17.5	17.2
给水温度，℃	20	20	20
蒸汽干度，%	80	80	80
燃料种类	重油、天然气	重油、天然气	重油、天然气
排烟温度，℃	230	215	170

中国石油天然气集团公司 2012 年发布了一系列油田注汽直流锅炉规格及特性参数，见表 1.3。

表 1.3 油田注汽直流锅炉特性参数

参数	类 型			
	湿蒸汽锅炉	高干度蒸汽锅炉	过热蒸汽锅炉	超临界压力锅炉
蒸发量，t/h	5~100	7~100	7~100	7~100
工作压力，MPa	7~21	7~21	7~21	22~35
蒸汽温度，℃	280~370	280~370	300~390	>374
给水温度，℃	5~20	5~20	5~20	5~20
蒸汽干度，%	75±5	≥95	100	100
燃料种类	原油、天然气			
设计热效率，%	≥90			

1.2.1.4 特点

与普通蒸汽锅炉相比，油田注汽直流锅炉主要有以下特点：

（1）优点：

① 原则上它适用于任何压力，但从水动力稳定性考虑，一般应用于高压条件。

② 节省钢材，它没有汽包，并可采用小直径蒸发管，使钢材消耗量明显下降。

③ 可迅速启停，无厚壁汽包，起停加热、冷却时间短，从而缩短起停时间。

④ 制造、运输、安装方便。

⑤ 受热面布置灵活，工质在管内强制流动，有利于传热及适合炉膛形状而灵活布置。

（2）缺点：

① 要求的给水品质高：由于直流锅炉没有汽包，其给水在受热面中一次蒸发完毕，给水中的无机盐只能沉积在锅炉受热面或随蒸汽带给用户，因此对给水的品质要求较高。但在生产低干度湿饱和蒸汽时，由于锅炉出口蒸汽中的炉水可以溶解很高的盐分，可适当降低水质要求。

② 自动调节及控制系统复杂：直流锅炉的工质和金属蓄热能力较差，且各加热段之间无固定分界线，无论负荷、给水和燃料扰动，都将导致锅炉出口蒸汽状态参数的变化。因此，为达到良好的静态和动态调节性，直流锅炉需要采用较为复杂的自动调节系统。

③ 自耗能量大：由于工质完全是依靠给水泵压头流经各受热面，并且具有较大的质量流速，流动阻力大，致使给水泵压头高、消耗功率大。

④ 启动操作较复杂，且伴有工质与热量的损失。

1.2.1.5 发展趋势

目前我国稠油热采所采用的直流锅炉主要是湿蒸汽注汽锅炉，随着稠油开发技术的发展，过热蒸汽注汽锅炉在油田生产中也得到了广泛的应用,这对提高我国稠油产量及热采效率发挥着重要的作用。

图 1.17 为典型过热蒸汽锅炉结构,主要是在湿蒸汽锅炉(图 1.6)基础上增加了汽水分离器与过热段。汽水分离器常采用卧式结构,内部设有旋风分离器,能将蒸汽中的细小水滴分离出来,其效率高达 99%以上,可满足过热段对蒸汽品质的要求。分离出来的干饱和蒸汽进入过热段加热升温,分离出来的高浓度含盐水掺入过热段出口的过热蒸汽中输入注汽管道。锅炉给水无须深度除盐,从而有效降低锅炉运行成本。

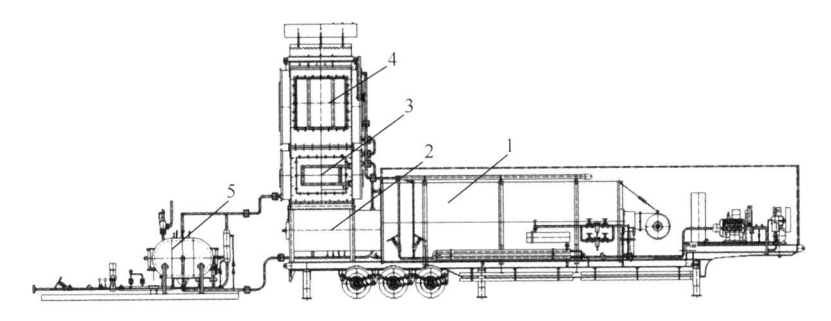

图 1.17 过热蒸汽直流锅炉结构

1—辐射段;2—过渡段;3—过热段;
4—对流段;5—汽水分离器

1.2.2 循环流化床锅炉

循环流化床锅炉采用流态化的燃烧方式,介于煤粉炉悬浮燃烧和链条炉固定燃烧之间,也就是通常所说的半悬浮燃烧方式。本节主要介绍其组成结构、工作原理、基本特性参数、特点等。

1.2.2.1 结构

循环流化床锅炉包括锅炉本体和锅炉辅助设备两部分,如图 1.18 所示。

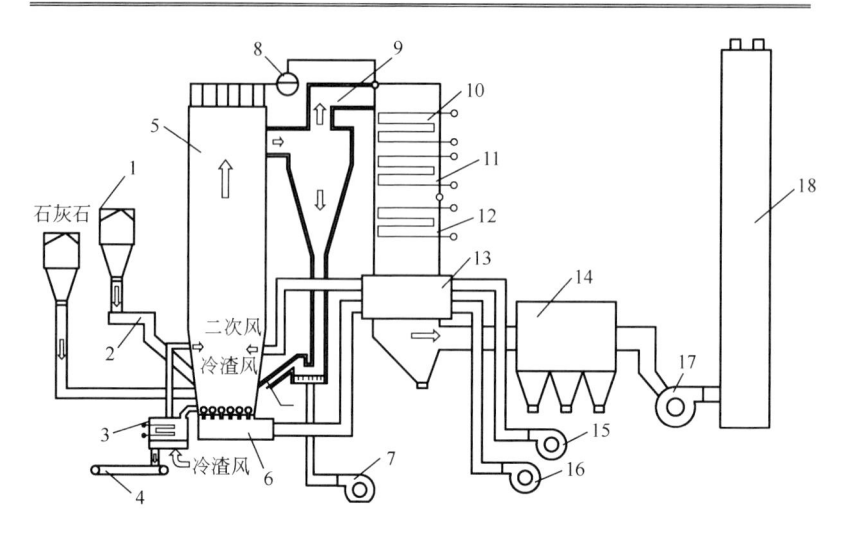

图 1.18　典型循环流化床锅炉结构

1—燃料仓；2—给煤机；3—底渣冷却器；4—刮板输送器；5—炉膛；6—水冷风室；
7—高压流化风机；8—汽包；9—旋风分离器；10—过热器；11—再热器；
12—省煤器；13—空气预热器；14—除尘器；15—二次风机；
16—一次风机；17—引风机；18—烟囱

（1）本体部分：

① 汽水系统：作用是吸收燃料燃烧放出的热量，使水蒸发并变成规定压力和温度的过热蒸汽。其基本组成如图 1.19 所示，主要包括汽包（也称锅筒）、蒸发器（即用来产生饱和蒸汽的上升管管簇）、过热器、省煤器等元件［图 1.19（a）］。

（a）汽包：是锅炉内加热、蒸发、过热这三个过程的连接枢纽，是锅炉中最厚壁的承压部件［图 1.19（b）］，内部装有一些功能元件，以实现汽水分离、蒸汽清洗、给水循环、锅筒内加药、连续排污、蒸汽品质保证，如图 1.20 所示。其主要作用是接纳省煤器来水，进行汽水分离和蒸汽净化，分别向循环回路与过热器供水和输送饱和蒸汽。汽包中有一定水量及热量的储蓄，当工况

1 稠油注汽系统组成

变化时可减缓汽压变化速度,当给水与负荷短时间不协调时具有缓冲作用。

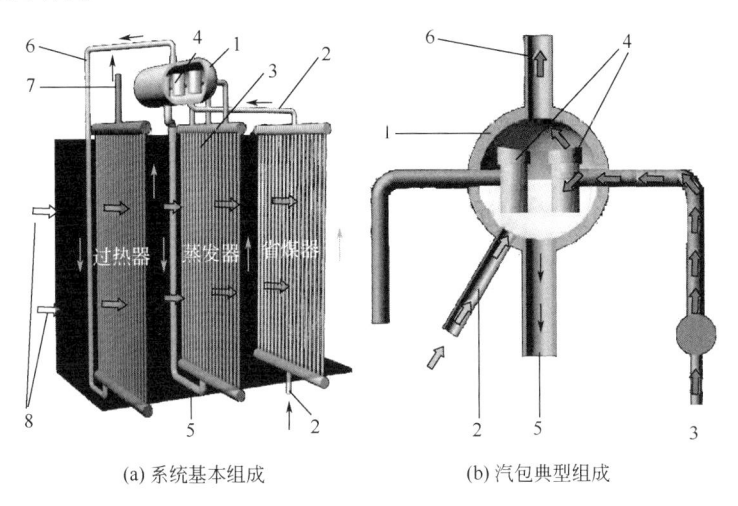

(a) 系统基本组成　　(b) 汽包典型组成

图1.19　汽水系统及气泡组成

1—气泡；2—进水管；3—汽水上升管；4—汽水分离器；5—水下降管；
6—饱和蒸汽出口；7—过热蒸汽出口；8—高温烟气

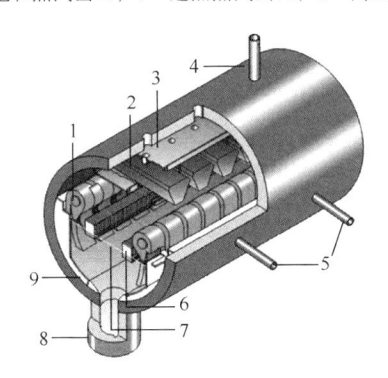

图1.20　汽泡内部结构

1—旋风分离器；2—百叶窗；3—干燥室；4—饱和蒸汽引出管；5—上升管；
6—消雾器；7—正常水位；8—下降管；9—围隔板

（b）过热器：是将蒸汽从饱和温度加热至过热温度的部件，又称蒸汽过热器，一般由若干根并联管子和进出口集箱组成。主要作用是吸收流化床锅炉高温烟气的热能，把饱和蒸汽进一步加热成过热蒸汽。

（c）省煤器：安装在锅炉尾部烟道，用于回收烟气余热将锅炉给水加热，由水平布置的并联弯头管子（习称蛇形管）、进出口集箱、弯管等构成，有时在管外加鳍片和肋片，如螺旋翅片管，以改善传热效果，如图1.21所示。由于它吸收烟气热量降低排烟温度，节省能源，故称为省煤器。

(a) 铸铁式　　　　　　(b) 螺旋翅片管式

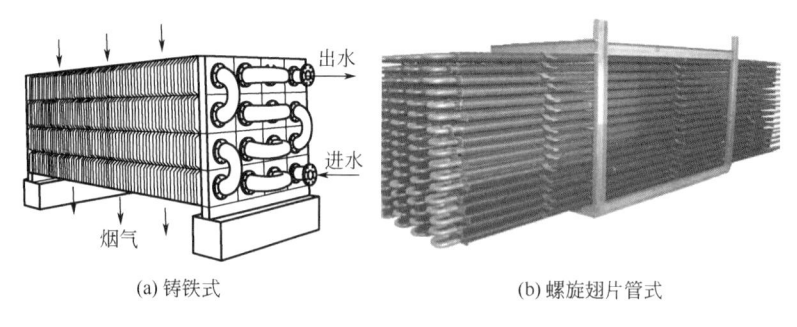

图1.21　典型省煤器

② 燃烧系统：任务是使燃料在炉内良好地燃烧，并放出热量。燃烧系统主要由炉膛、含尘气分离器与回料装置、空气预热器、布风装置等组成。

（a）炉膛：即燃烧室，其结构与特性主要取决于燃料的流化状态，基本结构如图1.22所示。

（b）分离器与回料装置：由高温旋风分离器、回料阀以及两者的连接立管（也称料腿）组成，如图1.23所示。旋风分离器是利用旋转的含尘气体所产生的离心力，将颗粒从气流中分离出的一种干式气—固分离装置。烟气中的固体颗粒在离心力作用下被抛向分离器壁面，并沿壁面下滑到连接分离器的立管中，然后通过回料阀进入炉膛，烟气则进入烟道。同时在立管中形成一定的物料高度，实现炉膛与分离器的密封，防止烟气短路。

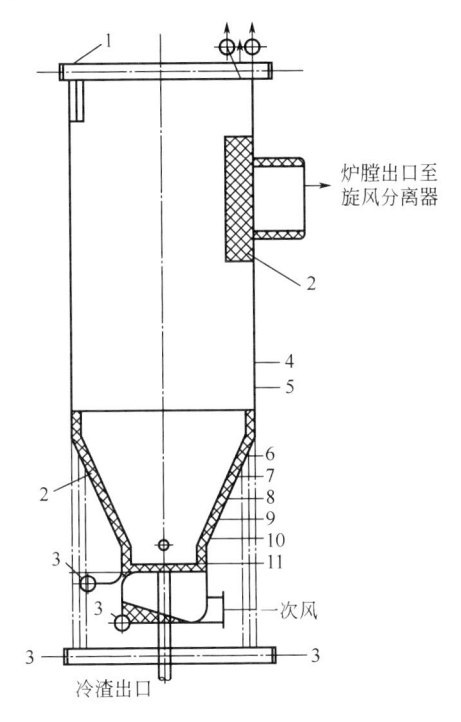

图 1.22　循环流化床炉膛典型结构

1—蒸汽引出管；2—耐火耐磨材料；3—下降管；4—冷渣器 FBAC 排风口；
5—EHE 排风口；6—上排风二次风口；7—下排风二次风口；8—循环灰入口；
9—给煤入口；10—石灰石入口；11—配风装置

（c）空气预热器：安装在锅炉尾部烟道，利用烟气余热加热锅炉助燃空气的换热装置，按传热方式可分为导热式和再生式两大类，如图 1.24 所示。在导热式空气预器中最常用的是管式空气预热器［图 1.24（a）］，大型蒸汽锅炉多采用回转再生式空气预热器［图 1.24（b）］。

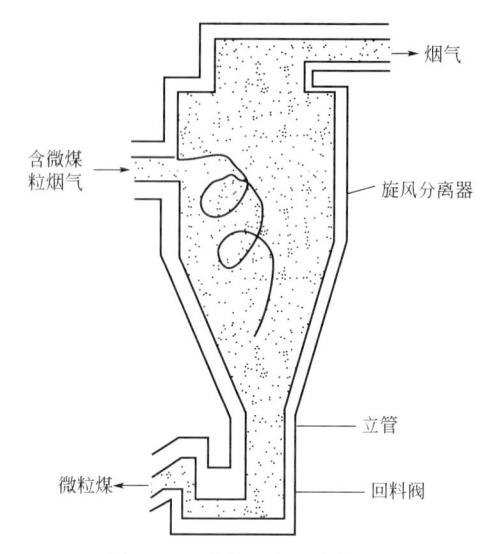

图 1.23　分离器与回料装置

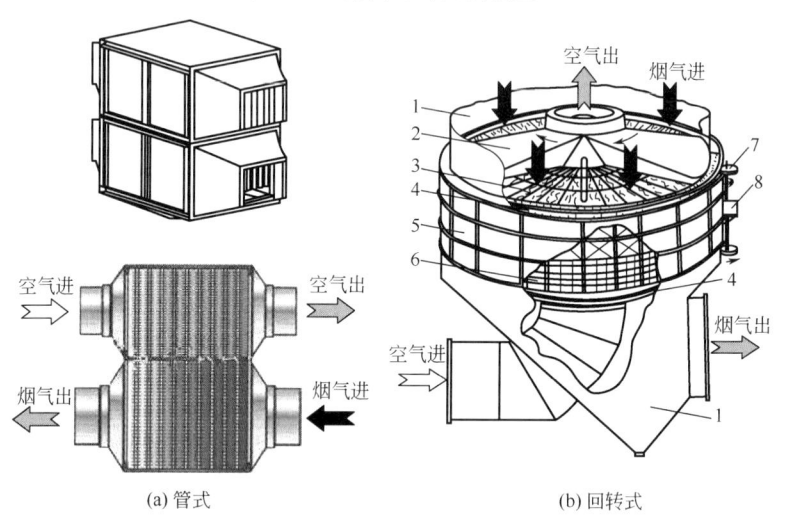

图 1.24　常用空气预热器结构

1—烟道；2—8 字风罩；3—上部静止传热元件；4—传动齿条；5—外壳；
6—下部静止传热元件；7—传动齿轮；8—减速器

(d) 布风装置：由风室、布风板、风帽和绝热保护层组成，如图 1.25 所示，其主要作用在于支撑固体物料，使气流在布风板上的速度分布均匀，维持固体燃料颗粒的均匀流化与流化床稳定。

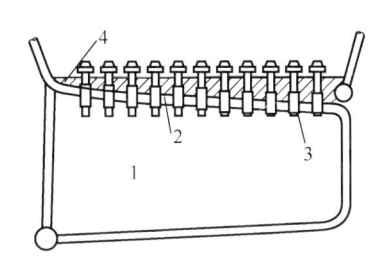

图 1.25 布风装置

1—风室；2—布风板；3—风帽；4—绝热保护层

（2）辅助系统：由煤及石灰石系统、送风/排烟系统、给水系统、灰渣处理系统、锅炉控制系统、点火系统以及一些锅炉附件组成。

1.2.2.2 工作原理

循环流化床锅炉的工作主要涉及燃料流化、燃烧传热、水循环汽化等过程（图 1.18）。

（1）燃料流化：将加工成一定粒度的燃料煤由给料机送入炉膛内的循环流化床密相区（即床料）燃烧，床料在布风板下送入的一次风的作用下处于流化状态，大颗粒物料将沿着炉膛边壁下落，形成物料的内循环；细颗粒物料将进入稀相区继续燃烧，并有部分随烟气飞出炉膛进入气固旋风分离器，绝大多数颗粒被分离下来通过回料阀直接返回炉膛，形成物料的外循环；飞灰随烟气进入锅炉尾部烟道，炉膛底渣经冷却后外排。

（2）燃烧传热：采用流态化的燃烧方式，从而实现燃料不断的往复循环燃烧。燃烧过程中产生大量的热量与高温烟气及其携带的细小煤粒，前者在炉膛内以辐射的方式传递给水冷壁，后者以对流的方式先后经过热器、省煤器、空气预热器换热，最后进入除尘器净化，并由引风机排至烟囱进入大气。

（3）水循环汽化：锅炉给水首先进入省煤器预热，然后进入汽包，并将水位控制在汽包中部附近，水便自然灌满下降管、上升管簇及水冷壁。当燃料燃烧产生的热量通过在炉膛内辐射、上升管簇外部高温烟气对流等方式由水冷壁吸收，使管簇内的水被加热成汽水混合物，利用下降管在下联箱形成的压差，推动下降管中的水进入上升管簇，并驱替其中的汽水混合物进入汽包，实现汽水分离与自然循环，分离出的饱和蒸汽经汽包输出，再进入过热器加热成过热蒸汽输出。

1.2.2.3 基本特性参数

循环流化床锅炉的基本特性参数主要有锅炉出力、蒸汽压力和温度、热效率、排烟温度、脱硫效率等，表 1.4 以实例说明循环流化床基本特性参数。

表 1.4 循环流化床基本特性参数

项 目	锅炉型号	
	XG-35/3.82-M	XG-75/3.82-M
额定蒸发量，t/h	35	75
额定工作压力，MPa	3.82	3.82
额定蒸汽温度，℃	450	450
给水温度，℃	105	130
燃烧方式	循环流化床燃烧	
适应燃料	烟煤、无烟煤、贫煤、褐煤、煤矸石	
设计燃料低位发热值，kJ/kg	12670	8117
满负荷运行燃料消耗量，kg/h	9045	20417
设计热效率，%	85	80
排烟温度，℃	150	145
脱硫效率，%	88	88

1.2.2.4 特点

与普通蒸汽锅炉相比，循环流化床锅炉具有自身的优缺点。

（1）优点：

① 燃烧效率高：由于炉内固体可燃物的份额不超过全部床料的 2%～3%，其余为大量的高温惰性物料（灰、石灰石或沙子等）；再加上燃料在炉内的停留时间长、湍流混合强烈，在氧气足够的情况下，仍能保证任何燃料在 850～900℃ 下稳定、高效地燃烧。

② 燃料适应性强：可以燃用一切种类的煤，包括高灰分高水分的褐煤、低挥发分的无烟煤、煤矸石等，还有城市垃圾、油污泥、农林业生物质废料等，各种气体和液体燃料。

③ 低污染物排放：低温燃烧可有效抑制热力型 NO_x 的生成，分级送风可控制燃料型 NO_x 的排放，因而，流化床锅炉的 NO_x 生成量仅为煤粉炉的 1/4～1/3；同时，由于 850～900℃ 的燃烧温度正是石灰（CaO）和二氧化硫（SO_2）反应的最佳脱硫温度，因此根据煤中的含硫量，向炉内投入适量的石灰石，可达到 90%左右的脱硫效率。

④ 燃烧强度大：流化床锅炉燃烧过程中湍流混合强烈，且燃烧在整个炉膛空间内完成，故燃烧强度和单位炉膛体积的出力大大提高，炉膛的截面积和体积减小，炉膛体积也比常规锅炉小。

⑤ 床内传热能力强：可节省炉内受热面的金属消耗量，如 135MW 锅炉的床内气固混合物对水冷壁的传热系数可达 170～180W/（$m^2 \cdot K$）。

⑥ 负荷调节性能好：由于炉内大量热床料的储备，在低达 25%额定负荷下也能保持稳定燃烧。

⑦ 易于操作和维护：燃烧温度低，灰渣不会软化和黏结，炉内不结渣，不需布置吹灰器；炉内受热面热流率较低，发生传热危机而爆管的概率降低；燃烧的腐蚀作用也比层燃炉和煤粉炉小。

⑧ 灰渣便于综合利用：低温燃烧所产生的灰渣具有较好的活

性,且含碳量低,可用来制作水泥的掺合料或其他建筑原料。

(2) 缺点:

① 气固分离和床料循环系统比较复杂,布风板及系统的阻力增加,锅炉自身电耗大,导致运行维修费用增加。

② 燃烧效率受燃烧温度的限制,要略低于煤粉炉。

③ 炉膛内存在还原性环境,受热面磨损与腐蚀问题不容忽视。

④ 炉内脱硫效率低于湿法烟气脱硫。

1.2.3 链条炉排锅炉

链条炉排的燃烧方式为移动火床燃烧,燃料着火条件为"有限着火",其锅炉的机械化程度较高,因其炉排类似于链条式履带而得名,其工业应用相当广泛。本节将围绕链条炉排锅炉本体结构及配套系统、工作原理、基本特性参数、特点等方面介绍。

1.2.3.1 组成结构

链条炉排锅炉主要由燃料系统、汽水系统、烟风系统、灰渣系统等组成,如图1.26所示。

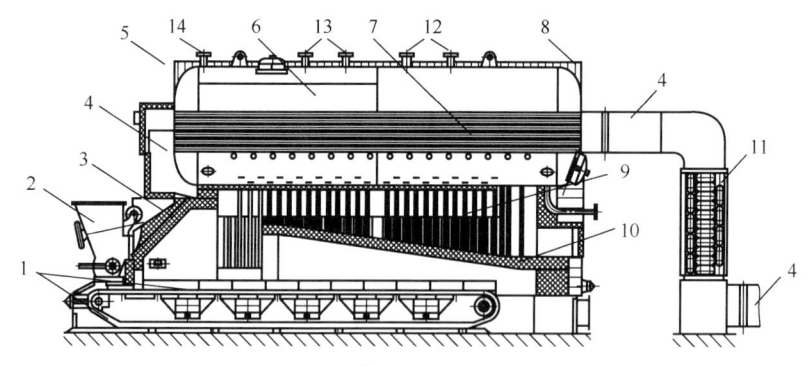

图1.26 链条炉排锅炉基本结构

1—链条炉排;2—煤斗;3—前拱;4—烟道;5—前拱形管板;6—汽包;
7—螺旋烟管;8—后拱形管板;9—水冷壁;10—后拱;11—省煤器;
12—蒸汽阀座;13—安全阀座;14—压力表座

1 稠油注汽系统组成

（1）燃料系统：

链条炉排锅炉燃料系统由燃料供给、传送、燃烧及排渣等单元组成，主要包括煤斗、链条炉排、炉膛及灰渣斗或灰渣井等，如图1.27所示。

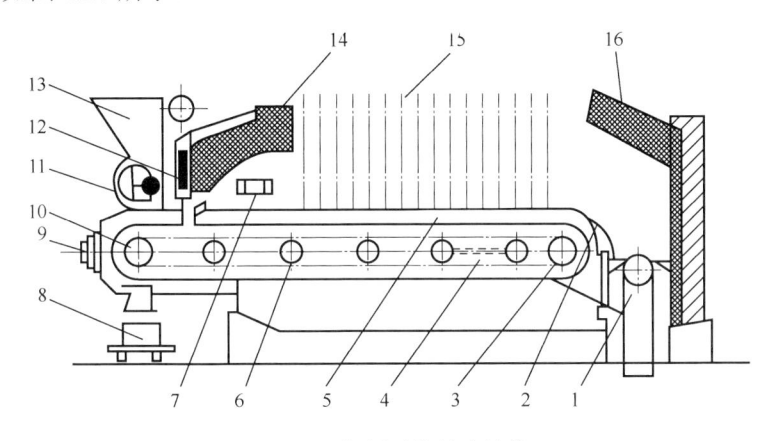

图1.27 燃料系统基本结构

1—灰渣斗；2—挡渣板；3—炉排；4—分区送风室；5—防焦箱；6—风室隔板；7—看火检查门；8—动力电机；9—拉紧螺栓；10—主动轮；11—煤斗风板；12—煤闸板；13—煤斗；14—前拱；15—水冷壁；16—后拱

① 燃料供给单元：通过给料机、皮带输送机、卸料器将燃煤传送到锅炉煤斗。

② 燃料传送单元：通过煤闸板控制煤层及分层给煤机等设备，将煤均匀而有层次地平铺在炉排上，随链条炉排逐渐由前向后缓慢移动送入炉膛。

③ 燃烧单元：煤的着火主要依靠炉膛火焰和拱的辐射热，因而上面的煤先着火，然后逐步向下燃烧，属于单面着火，这在炉排上会出现明显的区域分层，如图1.28所示。

④ 排渣单元：燃尽的煤渣随炉排移动到炉排尾部，经过挡渣板（俗称老鹰铁）落入后部灰渣斗。

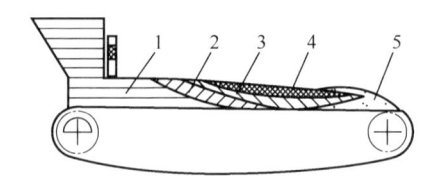

图 1.28 链条炉燃烧区域分层

1—新燃料区；2—析出挥发分区；3—焦炭燃烧氧化区；
4—焦炭燃烧还原区；5—燃尽区

（2）汽水系统：

链条炉排锅炉汽水系统由水处理装置、给水泵、省煤器、汽包（上锅筒）、水冷壁、下联箱、上联箱等单元组成，有的汽水系统配有上、下两个锅筒。

锅炉工作时，经过水处理的锅炉给水经水泵加压，先流经省煤器而得到预热，然后进入上锅筒，锅水由下降管进入水冷壁下联箱、上升管、上联箱，通过上联箱的汽水引出管将汽水混合物导入上锅筒，利用锅筒内的汽水分离装置进行汽水分离，饱和蒸汽从锅筒顶部的主蒸汽阀引出。

（3）烟风系统：

烟风系统的主要作用是向炉膛内连续不断地供应足够量的空气，同时连续不断地将燃烧所产生的烟气排出炉外，以保证燃料在炉内稳定燃烧，使锅炉受热面有良好的传热效果，达到经济安全运行。烟风系统的主要设备包括鼓风机、空气预热器、炉膛、除尘器、烟道、引风机及烟囱等。

（4）灰渣系统：

燃煤燃烧后生成的灰渣在炉排尾部落到渣坑，再由除渣器清除。漏煤与漏灰随链条炉排落入前部的落灰斗内而被清除，烟气携带的部分飞灰被吸附在对流管束上，从上部落灰门排除，其余经除尘器分离后送入灰斗内。

1.2.3.2 工作原理

链条蒸汽锅炉的工作过程主要涉及燃料供给、燃烧传热、蒸汽生产、灰渣及烟气排放等过程。

煤自煤斗落到炉排上,经炉排推动进入炉膛燃烧;空气由鼓风机经风道、调节风门、风室、炉排、煤层,进入炉膛;灰渣经炉排后面的落渣口由出渣机除渣。煤在炉排上燃烧生成高温烟气与火焰,对围成炉膛的水冷壁和锅壳底部裸露部分受热面进行辐射换热;烟气由炉膛烟窗出口进入锅炉烟道,经省煤器换热,最后经除尘器,由引风机抽引,通过烟囱排向大气。锅炉给水经给水泵加压后输送至省煤器预热,进入锅炉上锅筒,流经水冷壁、对流管束等,通过与火焰和高温烟气的辐射、对流换热,变成高温蒸汽从锅筒顶部的主蒸汽阀输出。

1.2.3.3 基本特性参数

链条炉排锅炉的基本特性参数主要包括锅炉出力、蒸汽压力、蒸汽温度、热效率等,表 1.5 依据文献列出了部分链条炉排锅炉的基本特性参数。

表 1.5 典型链条炉排锅炉基本特性参数

锅炉型号	DZL10-1.25-AⅡ	SHL35-2.5-AⅡ	SZL20-2.5-AⅡ
额定蒸发量,t/h	10	20	20
额定工作压力,MPa	1.25	1.25	2.5
额定蒸汽温度,℃	194	194	226
给水温度,℃	20	104	105
热效率,%	79.6	81	82
燃料消耗量,kg/h	1507	3200	3000
设计燃料	Ⅱ类烟煤	Ⅱ类烟煤	Ⅱ类烟煤

1.2.3.4 特点

与其他种类的锅炉相比，链条炉排锅炉具有以下主要特点：
（1）优点：
① 造价、运行成本低。
② 采用常规湿式除尘器或高效多管旋风除尘器即可满足烟气除尘排放的要求。
③ 技术成熟、运行可靠、操作简单，运行管理经验丰富。
④ 燃料制备简单。
（2）缺点：
① 着火条件差，煤种的适应性差。
② 不能实现炉内脱硫，烟气中的 SO_2 对大气环境将造成污染。
③ 炉内高温燃烧，将产生大量 NO_2，并对环境造成污染。
④ 热效率较低。
⑤ 对负荷变化的适应性较差。

1.3 注汽管道

稠油注汽系统地面注汽管网主要包括主蒸汽管道、配汽管汇（配汽橇）、支蒸汽管道和井口装置，其作用是将高温、高压蒸汽输送到注汽井口。

1.3.1 管网结构

根据热采工艺与地面布站方式的不同，在稠油开采中采取多种注汽管网结构。

1.3.1.1 布网方式

典型的注汽管网包括从注汽站将蒸汽输送并分配到各注汽井口的输汽管道。根据管道连接方式不同，常见管网主要包括星状、二级布站和枝状三种布网方式，如图 1.29 所示。其中，星状布网适用于注汽站规模不大，一般由 2 台或 4 台注汽锅炉组成，管辖的井数也不多的情况［图 1.29（a）］；二级布站的布网方式适用于注汽站规模较大，一般由十几台注汽锅炉组成，所管辖的井也较多的情况［图 1.29（b）］；枝状布网能够缩短注汽管道长度，减少管材的耗量，节约投资，减少注汽管道散热损失，但存在蒸汽干度在干管和支管中分布不均匀的问题［图 1.29（c）］。组合布网比单一布网的应用更广泛，比如在集中注汽站、流化床等大型注汽系统中多采用二级布站与支状布网的组合方式。

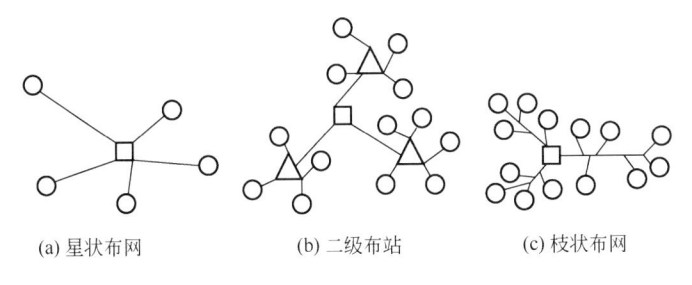

(a) 星状布网　　(b) 二级布站　　(c) 枝状布网

□ 注汽站　△ 配汽间　○ 注汽井

图 1.29　常见注汽管网

1.3.1.2　组成

注汽管网主要由主蒸汽管道、配汽管汇（配汽橇）、支蒸汽管道组成，通过一定的方式组合成完整的注汽系统（图 1.29）。注汽站蒸汽锅炉生产的高温蒸汽经配汽管汇（配汽橇）、主蒸汽管道及支蒸汽管道最终输送至各注汽井。

（1）主蒸汽管道：作用是收集一个或多个稠油区块上的一台或多台注汽锅炉所产生的蒸汽，并将这些蒸汽分配给不同的支蒸汽管道。在每条支蒸汽管道与主蒸汽管道的连接处，安装有截止阀，以便使任意支蒸汽管道在维修时容易断开。此外，还必须与截止阀并联安装旁通阀，以便慢速预热支蒸汽管道。

（2）支蒸汽管道：作用在于把主蒸汽管道的蒸汽输送到注汽井，每条支蒸汽管道的起点设置有蒸汽截止阀。

（3）蒸汽分配器：在注汽管道连接、分支和三通等部位会出现"相分离"现象，导致不同注汽井中蒸汽质量差别很大，进而使汽驱油藏受热不均匀，影响热采效果，因此选择合适的蒸汽等干度分配器，并根据各注汽井的具体情况控制其蒸汽的流量，能显著提升注汽效果。

（4）疏水阀：蒸汽的干度在其输送过程中将不断下降，为使蒸汽到达井底的干度满足稠油热采的设计要求，通常在井口附近的注汽管道上增设疏水阀，以提高汽水分离后的蒸汽干度，满足注汽干度要求。

1.3.2 管道保温

注汽管道的保温效果决定了注汽管道散热损失的大小，影响着注入井筒的蒸汽品质和稠油开采效果。采用经济高效的保温材料和保温技术，是降低其散热损失、提高保温效果的关键。

1.3.2.1 常见的保温材料及性能

GB/T 50264—2013《工业设备及管道绝热工程设计规范》中给出了常用保温材料的性能，见表1.6。

目前注汽管道常用保温材料为气凝胶毯和复合硅酸盐毡。前者是以纳米二氧化硅气凝胶为主体材料，通过特殊工艺同玻璃纤维棉或预氧化纤维毡复合而成的柔性保温毡，密度为180～220kg/m³，25℃时导热系数为0.012～0.018W/（m·K），适用温度范围为-200～1000℃，具有"透气不透水"特性、憎水性好、阻燃性能优良、质地柔软、弹性好等优点，且有一定的抗拉及抗压强度，便于保温结构施工。复合硅酸盐毡为高温发泡而成的柔性保温材料，具有良好的弹性、耐温性（600℃），70℃时导热系数低［仅为0.043W/（m·K）］，适应性强。

1 稠油注汽系统组成

表1.6 常用保温材料性能

材料名称		使用密度 kg/m³	最高使用温度 ℃	推荐使用温度 ℃	70℃导热系数 W/(m·K)
硅酸钙制品		170	650（Ⅰ型）	≤550	0.055
			1000（Ⅱ型）	≤900	
		220	650（Ⅰ型）	≤550	0.062
			1000（Ⅱ型）	≤900	
复合硅酸盐制品	涂料	180～200（干态）	600	≤550	≤0.065
	毡	60～80	550	≤450	≤0.043
		81～130	600	≤550	≤0.041
	管壳	80～180	600	≤550	≤0.048
岩棉制品	毡	60～100	500	≤400	≤0.044
	缝毡	80～130	650	≤550	≤0.043，≤0.09（$T_m=350℃$）
	板	60～100	500	≤400	≤0.044
		101～160	550	≤450	≤0.043，≤0.09（$T_m=350℃$）
	管壳	100～150	450	≤350	≤0.043，≤0.10（$T_m=350℃$）
矿渣棉制品	毡	80～100	400	≤300	≤0.044
		101～130	500	≤350	≤0.043
	板	80～100	400	≤300	≤0.044
		101～130	450	≤350	≤0.043
	管壳	≥100	400	≤300	≤0.044
玻璃棉制品	毯	24～40	400	≤300	≤0.046
		41～120	450	≤350	≤0.041
	板	24	400	≤300	≤0.047
		32	400	≤300	≤0.044

续表

材料名称		使用密度 kg/m³	最高使用温度 ℃	推荐使用温度 ℃	70℃导热系数 W/(m·K)
玻璃棉制品	板	40	450	≤350	≤0.042
		48	450	≤350	≤0.041
		64	450	≤350	≤0.040
	毡	24	400	≤300	≤0.046
		32	400	≤300	≤0.046
		40	450	≤350	≤0.046
		48	450	≤350	≤0.041
	管壳	≥48	400	≤300	≤0.041
硅酸铝棉及其制品	1#毯	96	1000	≤800	≤0.044
		128	1000	≤800	
	2#毯	96	1200	≤1000	
		128	1200	≤1000	
	1#毡	≤200	1000	≤800	
	2#毡	≤200	1200	≤1000	
	板、管壳	≤220	1100	≤1000	
	树脂结合毡	128	—	350	≤0.044
硅酸镁纤维毯		100±10,130±10	900	≤700	≤0.044

注：T_m——平均温度（绝热材料内外表面温度的算术平均值）。

1.3.2.2 常用保温结构

目前，注汽管道的保温大多采用复合反射式保温结构，如图 1.30 所示。选用复合硅酸盐毯或纳米气凝胶毯为主体保温材料，利用铝箔作热反射层，外包镀锌铁皮作为保护层材料

[图 1.30（a）]。通过保温材料的优选和保温工艺的优化可最大限度地确保保温结构的完整和密封性能，有效隔绝热能传递。同时新型柔性保温材料对弯头、三通等异型件保温的薄弱环节也有较好的适应性。

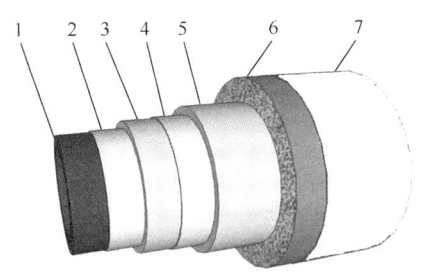

(a) 结构示意图

(b) 现场应用

图 1.30　纳米气凝胶毯复合反射式保温
1—管道；2—铝箔；3—纳米气凝胶毯；4—铝箔；5—纳米气凝胶毯；
6—复合硅酸盐毯；7—镀锌铁皮

1.4　注汽井

注入井底的蒸汽参数对稠油开采效果影响很大。我国稠油油藏深度变化很大，一般在 10~1600m，而美国、加拿大等国的稠油油藏埋深一般小于 1000m。与国外稠油注蒸汽开发相比，我国油井井筒中蒸汽热损失较大，井底蒸汽干度较低。研究结果表明，在蒸汽注入量相同的情况下,蒸汽干度越大,采收率越高,油汽比越大。减少注汽井筒热损失是提高热采效果的主要措施之一,油井越深,对井筒的隔热要求也越高。

根据热采方法不同,注汽井有直井(用于蒸汽驱与蒸汽吞吐,如图 1.31 所示)、水平井和双水平井(用于 SAGD,如图 1.32 所示)之分,而用于 SAGD 的双水平井又有初期双井同时注汽和全程单井注汽之分,但它们的总体结构基本相同,SAGD 双水平井的水平段一般较长。

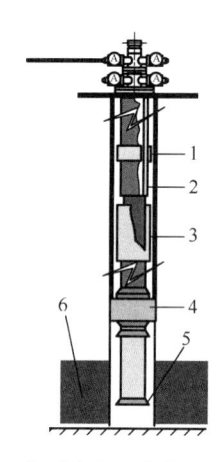

图 1.31 典型真空隔热管注汽井结构

1—隔热接箍管;2—真空隔热管;
3—压力补偿式隔热型伸缩管;
4—K331 金属密封器;5—喇叭口;
6—油层

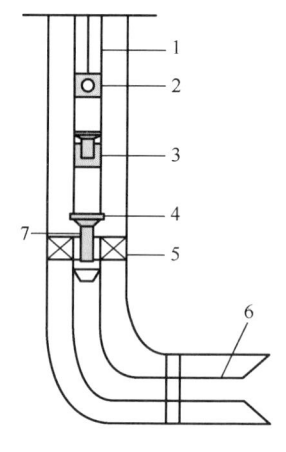

图 1.32 水平井注采一体化管柱

1—隔热管;2—注采一体化泵;
3—井下补偿器;4—洗井单流阀;
5—插管封隔器;6—油管+喇叭口;
7—密封插管

1.4.1 井口装置

注蒸汽井的井口设计取决于井深、蒸汽的温度和压力以及套管和油管的尺寸。依据 SY/T 5328—1996《热采井口装置》,热采井口装置结构如图 1.33 所示,其基本参数见表 1.7。该井口装置适用于蒸汽吞吐、蒸汽驱、热水循环等热采方式。

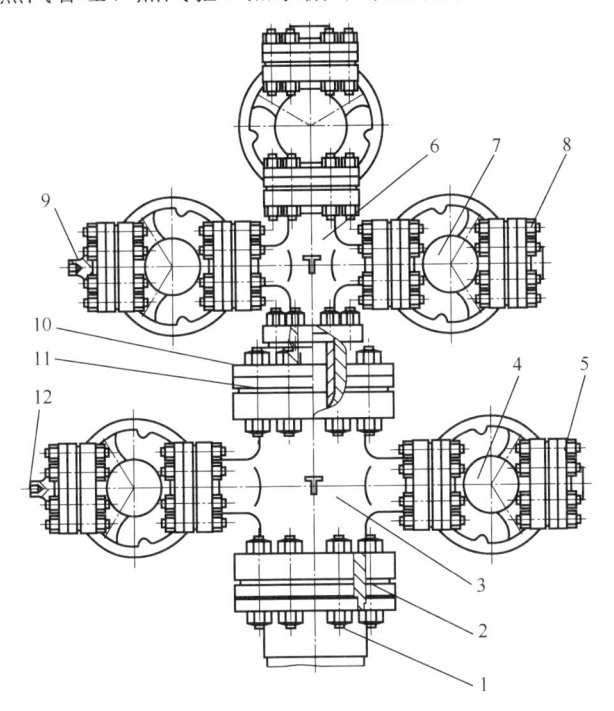

图 1.33 热采井口装置

1—套管法兰;2—密封垫环;3—大四通;4—套管闸阀;5—单法兰;
6—小四通;7—油管闸阀;8—单法兰;9—压力表接头;10—油管挂法兰;
11—油管挂短节;12—压力表接头

表 1.7 常用热采井口装置基本参数

额定压力 MPa	适用于热采的工况条件		闸阀公称通径 mm	油管头垂直通径 mm
	最高压力,MPa	最高温度,℃		
21	14	337	65	165
35	21	370	65	165

由于井内所有的管制品都将随温度的升高而膨胀,但它们各自的膨胀量又不同,故在井口必须采取补偿措施。油管和套管在地面以上的膨胀根据预计的膨胀量、井深、温度和压力等参数确定,在工程中使用各种性能不同的井口密封盒封解决。

1.4.2 井筒结构

对于井深 250m 左右的热采井,一般要求最佳井筒结构是吞吐时用光油管,汽驱 1 年以内的,用隔热管或光油管加封隔器;汽驱 1 年以上的,用隔热管加封隔器或只加隔热管。对于井深 550m 左右的井,最佳井筒结构是吞吐时用光油管加封隔器;汽驱时用隔热管或隔热管加封隔器。隔热油管由 114mm 的外管与 73mm(或 60.3mm)的内管组成。最大外径(接箍)132mm、通径 62mm(或 50.6mm)。内管加有预应力,内外管之间填充玻璃棉,并抽真空后充氩气。

然而,隔热油管由双层油管制成,其本身质量大,为保证注汽管柱安全起下,隔热油管在直井中允许的最大下深为 1400m。其井筒结构由内向外依次为油管、隔热管、套管、水泥环及地层。高温蒸汽从油管注入到目的层的过程中,其热量将沿油管径向以对流、热传导、对流等交替方式向外散热,经过不同热阻传热后将引起径向温度逐渐降低,但随着注汽的不断进行,径向温度场也将随之达到稳定状态,其变化趋势如图 1.34 所示。与此同时,随着蒸汽向井底的注入,蒸汽轴向温度将因井筒径向散热而逐渐降低。

对于埋深超过 1800m 的深层稠油油藏,设计有分段注汽管柱:隔热油管(下深 1200m)、插入密封装置、悬挂封隔器、隔热油管、热敏封隔器,从而实现全井隔热。分层注汽井筒结构(图 1.35)主要由隔热管、伸缩管、密封气、配汽器等组成。

1 稠油注汽系统组成

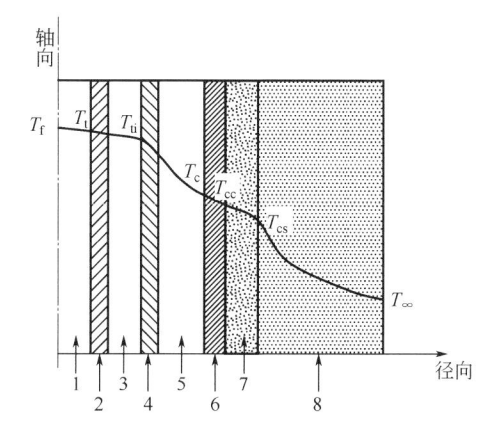

图1.34 热采井径向剖面与温度曲线

1—油管热流体；2—油管壁；3—油管-隔热管环空；4—隔热管壁；
5—隔热管-套管环空；6—套管；7—水泥环；8—地层

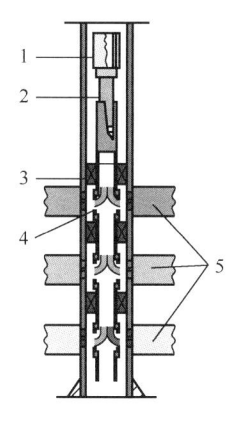

图1.35 分层注汽井筒结构示意图

1—隔热管；2—伸缩管；3—密封器；4—配汽器；5—油层

SAGD热采水平井筒的结构与分段如图1.36所示，蒸汽注入后将从水平射孔段进入油层，进而与稠油实现热交换与降黏的目的。

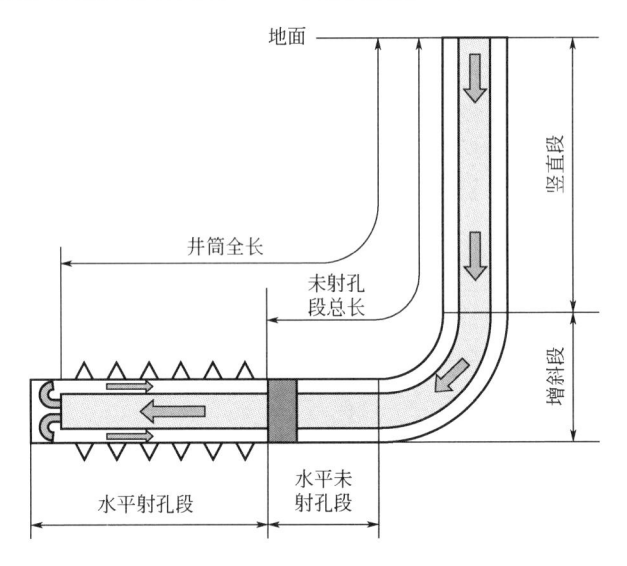

图 1.36　SAGD 热采水平井筒示意图

稠油热采初期，注汽井筒多采用填充有各种多孔隔热材料的隔热管。随着技术的发展，目前已基本上改用填充惰性气体或抽真空的新型隔热管，其视导热系数是早期隔热材料的一半左右。在此，注汽井的节能监测对象仅针对井口到射孔段之间的井筒。

提高蒸汽干度和降低井筒热损失是控制注汽成本和提高开采效果的重要措施。如果注汽井筒的隔热效果不好，那么注汽过程中会出现注汽压力高、蒸汽干度低、套管接箍密封处变形刺漏与脱扣断裂等现象，造成生产油汽比低、热采效果差。目前，主要的隔热方式及特点见表 1.8。

表 1.8　井筒隔热方式对比

隔热方式	效果分析
隔热管+环空水	由于外管壁直接浸在环空水中，散热量很大，不宜使用。但管柱简单，在浅井中可适当采用

1 稠油注汽系统组成

续表

隔热方式	效果分析
隔热管+环空充液氮	氮的导热性较差，隔热效果较好。但在注汽过程中，由于蒸汽不断地把环形空间中的氮气携带进油层，使环形空间中氮的含量减少，隔热效果变差，需要定期补充氮气
隔热管+热胀补偿器+注汽封隔器+环空水柱或气柱	井筒隔热方式理想，应用也最广泛。可防止大量的热量上返，保护了套管，提高了蒸汽吞吐效果

2　稠油注汽系统节能监测方法

在稠油注蒸汽热采过程中注汽锅炉、蒸汽输送管道和蒸汽注入井筒三个环节都存在不同程度的热损失，其能耗成本占稠油开发成本的比例很大。因此，通过对注汽系统各环节以及整个系统开展节能监测，指导注汽系统的经济运行和节能技术改造，实现精细化节能管理，是稠油热采降本增效的重要环节。本章将主要介绍常用注汽锅炉、注汽管道与注汽井筒各部分节能监测的测试内容、测试要求、主要测试参数、测试方法和监测报告等，为注汽系统节能监测方案制订与实施奠定基础。

2.1　注汽锅炉节能监测方法

注汽锅炉节能监测方法主要包括稠油注汽直流锅炉、循环流化床锅炉、链条炉排锅炉的测试内容、测试要求、主要测试参数、测试方法和监测报告等内容。

2.1.1　直流锅炉节能监测方法

直流锅炉的节能监测依据 SY/T 6835—2017《油田热采注汽系统节能监测规范》进行。

2.1.1.1　测试内容

依据 SY/T 6833—2017《油田热采注汽系统节能监测规范》，直流锅炉的节能监测内容包括检查项目和测试项目。

（1）检查项目：

① 不应使用国家公布淘汰的用能设备。

② 能源计量器具的配备和管理应符合 GB 17167—2006《用

2 稠油注汽系统节能监测方法

能单位能源计量器具配备和管理通则》、GB/T 20901—2007《石油石化行业能源计量器具配备和管理要求》的要求。

③ 用能设备应有运行记录、检修记录。

④ 安装的节能设施应正常投入使用。

（2）测试项目：

① 热效率。

② 排烟温度。

③ 空气系数。

④ 炉体环表（即环境与表面）温差。

2.1.1.2 测试要求

直流锅炉的节能监测应在正常运行的实际运行工况下进行，测试仪器、测试工况、测试时间和测试人员必须满足 SY/T 6835—2017《油田热采注汽系统节能监测规范》、GB/T 10180—2017《工业锅炉热工性能试验规程》要求。

（1）测试仪器要求：测试所用仪器应完好，并应在检定周期内，其准确度及推荐使用的仪器仪表见表 2.1。

表 2.1 主要测试参数及仪器准确度要求

测试参数	准确度等级	推荐测试用仪器仪表			
^	^	名称	型号	测量范围	准确度
排烟温度	0.5	烟气分析仪	KM950	0～600℃	（0.01℃）
空气温度	0.5	精密棒式温度计	testo 445	−200～600℃	±0.5%
给水温度	0.5	精密棒式温度计	testo 445	−200～600℃	±0.5%
蒸汽温度	0.5	多功能测量仪	testo 445	−200～600℃	±0.5%
表面温度	1.0	红外测温仪	Fluke 568	−40～800℃	±1.0%
给水压力	1.5	精密压力表	—	—	0.4 级

— 45 —

续表

测试参数	准确度等级	推荐测试用仪器仪表			
^	^	名称	型号	测量范围	准确度
蒸汽压力	1.5	精密压力表	—	—	0.4级
风速	5	多功能测量仪	testo 445	0.4~60m/s	±0.5%
给水流量	1.5	超声波流量计	TDS-100H	0~±32m/s	±0.5%
燃料（气）流量	1.5	在线仪表	—	—	±1.5%
燃料（油）流量	0.5	超声波流量计	F601	0.01~25m/s	±0.5%
蒸汽干度	1.5	电导仪	SG7	0~1000mS/cm	±0.5%
排烟处氧含量	1.0	烟气分析仪	KM950	0~25%	±0.2%
排烟处一氧化碳含量	5.0	烟气分析仪	KM950	0~1%	±5.0%

（2）测试工况要求：应在直流锅炉及其辅助系统和设备运行正常、热负荷波动不超过±5%的稳定运行工况下测试。

（3）测试时间要求：从热力工况达到稳定状态开始，监测持续时间应不少于1h；除需化验分析的有关测试项目外，所有测试参数每隔10~20 min读数记录一次，测试结果取其平均值。

（4）测试人员要求：测试人员应由熟悉相关标准，并了解直流锅炉的结构原理、具有测试经验的专业人员担任。测试过程中，测试人员不宜变动。

2.1.1.3 主要测试参数

直流锅炉的节能监测主要包括燃料参数、蒸汽和给水参数、烟气参数等，具体如下：

（1）排烟温度；

（2）空气温度；
（3）给水温度；
（4）蒸汽温度；
（5）表面温度；
（6）给水压力；
（7）蒸汽压力；
（8）风速；
（9）给水流量；
（10）燃料（气）流量；
（11）燃料（油）流量；
（12）蒸汽干度；
（13）排烟处含氧量；
（14）排烟处一氧化碳含量。

2.1.1.4 测试方法

直流锅炉的节能监测主要包括测试前准备、按要求布置测点、按标准和测试方案要求开展现场测试等步骤。

（1）测试前准备：

测试前应根据被测对象具体情况明确测试边界范围，制订测试方案，准备测试仪器，组织测试人员并进行明确分工。

① 确定监测对象，划分被监测系统的范围。

② 收集基础资料，包括被测系统的工艺流程主要运行参数、额定生产能力、当前生产能力、主要设备档案、节能技术应用情况等与测试有关的资料。

③ 根据标准要求，结合现场具体情况制订测试方案，测试方案应包括：

（a）测试任务和要求；
（b）测试项目；
（c）测点布置与测试仪器；

（d）人员组成与分工；

（e）测试进度安排等。

④ 检查测试仪器是否满足现场测试量程、介质、安全等要求，现场环境能否满足仪器安装、使用的要求，测试前后应对测试仪器的状况进行确认。

⑤ 明确负责人职责：

（a）负责项目方案的编写；

（b）负责测试人员任务派发；

（c）负责监督测试人员执行相应的标准或技术规范；

（d）负责监督监测工作程序、质量控制的执行情况；

（e）负责测试过程中 HSE 管理。

⑥ 划分测试人员职责：

（a）掌握相关监测标准，具备相关专业知识和能力；

（b）负责正确选用、使用测试仪器设备；

（c）依据监测标准正确读取和记录测试数据；

（d）负责对监测环境的观察、记录；

（e）根据测试方案开展现场测试，按测试分工做好测试准备（记录、仪器、资料等）；

（f）服从项目负责人安排，按时、按质、按量完成测试任务。

（2）测点布置：

直流锅炉各参数的测点布置应满足 SY/T 6835—2017《油田热采注汽系统节能监测规范》、GB/T 10180—2017《工业锅炉热工性能试验规程》的要求，以油田典型直流锅炉为例，其测点布置如图 2.1 所示。

① 测点布置要求：

（a）测点位置的选择应符合相应仪表的安装技术条件；

（b）在保证测试精度的情况下，可采用装置现有的监控仪表；

（c）对关键量（如燃料耗量、产汽量等）可采用不同仪表互为校核。

2 稠油注汽系统节能监测方法

② 各类直流锅炉总体结构基本类似,测点布置如图 2.1 所示。

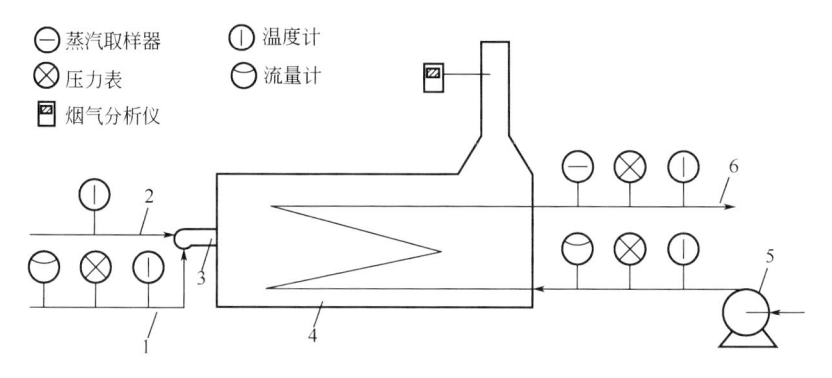

图 2.1 直流锅炉测点布置

1—燃料管线;2—进风管线;3—燃烧器;4—锅炉;5—给水泵;6—蒸汽管线

(a) 给水管线:测量给水流量、温度、压力、给水电导率;
(b) 蒸汽管线:测量蒸汽温度、压力、炉水电导率;
(c) 排烟烟道:测量排烟温度、烟气组分;
(d) 燃料管线:测量燃料流量、温度、压力,燃料取样(组分分析);
(e) 炉体表面:测量表面温度;
(f) 燃烧器前:测量进风温度;
(g) 炉体周围:测量环境温度、风速。

③ 仪器安装和数据采集:

(a) 燃料取样:

液体燃料:从油箱或燃烧器前的管道上抽取不少于 1L 样品,倒入容器内,加盖密封,并做上封口标记,送化验室。

气体燃料:将燃气取样器接在燃烧器前的天然气管道采样阀上取样,送化验室分析其组成,计算发热量。

(b) 燃料计量:对于液体燃料消耗量应用称重法或油流量计测定,也可用经标定的油箱(或罐)测量。

对于气体燃料，可用气体流量表或标准孔板流量计测定消耗量，气体压力和温度应在流量测定的同时检测，以便将实际状态的气体流量换算成标准状态下的气体流量。

（c）给水流量：在给水管线上采用流量计测定，且安装环境符合仪表的使用要求。当使用超声波流量计时，传感器应安装在上游大于 10D（D 为被测管线直径）、下游大于 5D 的直管段上，安装部位应无污、无漆、无锈，管内必须充满流体，不应包含有涡状流、泡流。

（d）介质压力：测点应布置在直管道截面上，压力表引线内不应有空气。

（e）介质温度：测点应布置在管道截面上介质温度比较均匀的位置。

（f）表面温度：测点的布置应具有代表性。一般 $0.5\sim1.0m^2$ 一个测点，测点数不少于 10 个，取其算术平均值。在炉门、烧嘴孔、焊孔等附件处，边距 300mm 范围内不应布置测点。

（g）排烟温度及烟气组分：测点应选在直流锅炉最后一级尾部受热面 1m 以内的直管烟道上，测温热电偶和取样探头应插入烟道中心处，并保持插入处的密封。对大口径烟道应进行多点测量，取其平均值。

（h）蒸汽干度：蒸汽干度可采用硝酸盐滴定法（氯根法）、钠度计法或电导率法测定。在注汽锅炉给水管线的水样取样处取样，在注汽锅炉蒸汽出口管线的蒸汽取样处进行炉水取样。

（i）环境温度及风速：在被测设备周围 1m 处测量，测点应不少于 4 个，并取其平均值。

（3）测试步骤：

① 检查仪器是否满足测试要求，主机和配件应完好无损。

② 检查被监测设备及辅机运行是否正常，工况及环境应满足测试要求。

③ 根据测试方案、测点布置要求及仪器使用说明安装测试

仪器。

④ 按仪器使用说明或操作规程进行仪器操作，对原始记录中的项目参数按要求进行读数、记录和复核。

⑤ 宜进行预备性测试，全面检查测试仪器运行是否正常，熟悉测试操作程序，检查测试人员配合情况。

⑥ 正式测试时，各测试项目必须同时进行。

⑦ 测试结束后，检查被测设备及复核测试仪器是否完好，并记录在原始记录中。

⑧ 检查所取数据是否完整、准确，异常数据应查明原因，以确定剔除或重新测试。

⑨ 项目负责人宣布现场测试结束，收取测试仪器、复原测试现场，在确认符合 HSE 闭环管理要求后撤离测试现场。

2.1.1.5 监测报告

注汽锅炉节能监测报告的内容应符合 SY/T 6835—2017《油田热采注汽系统节能监测规范》、GB/T 10180—2017《工业锅炉热工性能试验规程》要求，报告格式应符合标准《节能监测报告编写规范》，主要由封面、声明页、签署页、正文及附件五部分组成。

注汽锅炉节能监测报告的每部分应包含以下内容：

（1）报告封面：

① 报告名称；

② 报告编号；

③ 监测设备；

④ 被测单位；

⑤ 监测单位；

⑥ 报告日期；

⑦ 资质印章；

⑧ 监测单位公章或检查检验专用章。

（2）签署页：

① 参加测试人员；
② 编写人；
③ 审核人；
④ 签发人；
⑤ 签发日期。
（3）报告正文：
① 报告名称；
② 概述；
③ 监测依据；
④ 使用仪器仪表；
⑤ 检查内容；
⑥ 测试内容；
⑦ 测试结果；
⑧ 分析评价；
⑨ 改进建议。
（4）报告附件：
① 监测结果数据表格；
② 简图及相关说明。

2.1.2 循环流化床锅炉节能监测方法

循环流化床锅炉的节能监测可参照 DL/T 964—2005《循环流化床锅炉性能试验规程》、GB/T 10180—2017《工业锅炉热工性能试验规程》及 GB/T 15317—2009《燃煤工业锅炉节能监测》执行。

2.1.2.1 测试内容

依据 GB/T 15317—2009《燃煤工业锅炉节能监测》，循环流化床锅炉的节能监测内容包括检查项目和测试项目。

（1）检查项目：
① 不应使用列入国家淘汰目录的锅炉。

② 锅炉的给水、锅炉的水质应有定期分析记录并符合 GB/T 1576—2008《工业锅炉水质》的要求。

③ 应有 3 年内热效率测试报告，锅炉在新安装、大修、技术改造后应进行热效率测试。

④ 锅炉运行负荷，除短时间的负荷外，一般不应低于额定蒸发量或额定供热量的 70%。

（2）测试项目：

① 热效率；
② 排烟温度；
③ 空气系数；
④ 炉渣含碳量；
⑤ 炉体表面温度。

2.1.2.2 测试要求

循环流化床锅炉的节能监测应在正常运行的实际运行工况下进行，测试仪器、测试工况、测试时间和测试人员必须满足 DL/T 964—2005《循环流化床锅炉性能试验规程》、GB/T 10180—2017《工业锅炉热工性能试验规程》及 GB/T 15317—2009《燃煤工业锅炉节能监测》要求。

（1）测试仪表要求：

测试所用仪器应完好，并应在检定周期内，其准确度要求及推荐使用的仪器仪表见表 2.2。

表 2.2 主要测试参数及仪器准确度要求

测试参数	准确度等级	推荐测试用仪器仪表			
^	^	名称	型号	测量范围	准确度（分度值）
排烟温度	0.5	烟气分析仪	KM950	0~600℃	（0.01℃）
排烟处氧含量	1.0	烟气分析仪	KM950	0~25%	±0.2%
排烟处一氧化碳含量	5.0	烟气分析仪	KM950	0~1%	±5.0%

续表

测试参数	准确度等级	推荐测试用仪器仪表			
^	^	名称	型号	测量范围	准确度（分度值）
给水流量	1.0	超声波流量计	TDS-100H	0～±12m/s	±1.0%
给水温度	0.5	多功能测量仪	testo 445	-200～600℃	±0.5%
给水压力	1.5	精密压力表	—	—	0.4 级
蒸汽温度	0.5	多功能测量仪	testo 445	-200～600℃	±0.5%
蒸汽压力	1.5	精密压力表	—	—	0.4 级
表面温度	1.0	红外线测温仪	FLUKE568	-40～800℃	（0.1℃）
质量（煤、石灰石等）	III	在线仪表	—	—	—

（2）测试工况要求：

测试应在循环流化床锅炉及其辅助系统和设备运行正常、稳定运行工况下进行，参数波动限制范围见表2.3。

表 2.3　参数波动范围

序号	项　目	单位	短时允许波动（相邻峰谷值）	长时间允许偏差
1	蒸发量	＞220 65～220 ＜65	t/h	±3% ±6% ±10%
2	蒸汽压力	≥9.5 ＜9.5	MPa	±2% ±4%
3	蒸汽温度	540 450 400	℃	-10～+5 -15～+5 -20～+10
4	排烟含氧量	%	±1.00	±0.5
5	入炉燃料量	%	±10	—
6	入炉石灰石量	%	±4	±2
7	密相区平均床温	℃	±30	±20
8	密相区床压	Pa	±500	±300

注：本表中3，4，7，8项为绝对值，其余均为相对值。

（3）测试时间要求：

从热力工况达到稳定状态开始，测试时间应不少于 1h，除需化验分析的有关测试参数外，所有测试参数每隔 15min 读数记录一次，取其平均值作为测试结果。

（4）测试人员要求：

测试人员应由熟悉相关标准并了解循环流化床锅炉的结构原理、具有测试经验的专业人员担任。测试过程中，测试人员不宜变动。

2.1.2.3 主要测试参数

循环流化床锅炉的节能监测主要包括燃料参数、蒸汽和给水参数、烟气参数、炉渣及飞灰参数等，具体如下：

（1）排烟温度；
（2）烟气组分；
（3）给水流量；
（4）给水压力；
（5）给水温度；
（6）蒸汽流量；
（7）蒸汽压力；
（8）蒸汽温度；
（9）燃煤消耗量；
（10）石灰石消耗量；
（11）炉渣重量；
（12）炉体外表面温度；
（13）煤的组分、低位发热量；
（14）炉渣、飞灰可燃物含量；
（15）环境温度。

2.1.2.4 测试方法

循环流化床锅炉的节能监测主要包括测试前准备、按要求布置测点、按标准和测试方案要求开展现场测试等步骤。

（1）测试准备：

测试前应根据被测对象具体情况明确测试边界范围，制订测试方案，准备测试仪器，组织测试人员并进行明确分工。

① 确定监测对象，划分被监测系统的范围。

② 收集基础资料，包括被测系统的主要工艺流程、运行参数、额定生产能力、当前生产能力、主要设备档案、节能技术应用情况等与测试有关的资料。

③ 根据标准要求，结合现场具体情况制订测试方案，测试方案应包括：

（a）测试任务和要求；

（b）测试项目；

（c）测点布置与测试仪器；

（d）人员组成与分工；

（e）测试进度安排等。

④ 检查测试仪器是否满足现场测试量程、介质、安全等要求，现场环境能否满足仪器安装、使用的要求，测试前后应对测试仪器的状况进行确认。

⑤ 明确负责人职责：

（a）负责项目方案的编写；

（b）负责测试人员任务派发；

（c）负责监督测试人员执行相应的标准或技术规范；

（d）负责监督监测工作程序、质量控制的执行情况等；

（e）负责测试过程中 HSE 管理。

⑥ 划分测试人员职责：

（a）掌握相关监测项目标准，具备相关专业知识和能力；

（b）负责正确选用、使用测试仪器设备；

（c）依据监测标准正确读取和记录测试数据；

（d）负责对监测环境的观察、记录；

2 稠油注汽系统节能监测方法

（e）根据测试方案开展现场测试，按测试分工做好测试准备（记录、仪器、资料等）；

（f）服从项目负责人安排，按时、按质、按量完成测试任务。

（2）测点布置：循环流化床锅炉各参数的测点布置按照 DL/T 1319—2014《循环流化床锅炉测点布置导则》的要求进行。

① 温度测点的设置应符合下列要求：

（a）烟、风介质管道测温元件应从管道内壁算起，保护套管插入介质的有效深度应为管道外径的 1/3～1/2；

（b）高温、高浓度区域物料温度测温元件保护套管材质应使用耐温耐磨材料；

（c）测量高温、高浓度区域物料温度的测点，宜在安装套管上布置检修球阀及压缩空气吹扫和密封接口；

（d）测量非满管物料温度的测点，测量端应布置在管道下部或倾斜面底部。

② 压力测点的设置应符合下列要求：

（a）汽水压力测点取样管材质等级应不低于所在工艺管道材质；

（b）取压管和取样一次门、二次门及排污门应与工艺管道同时进行严密性试验；

（c）正压区域风、烟取压管应采用防堵或反吹措施，不得直接取压；

（d）正压高浓度物料设备上的压力测点应设置自动吹扫防堵装置；

（e）压力测点应考虑管道或设备的膨胀影响，应采取膨胀补偿措施。

③ 流量测量装置布置应符合 GB/T 2624—2006《用安装在圆形截面管道中的差压装置测量满管流体流量》、DL/T 5182—2004《火力发电厂热工自动化就地设备安装、管路及电缆设计技术规定》的有关规定。

④ 特殊场所仪表应符合下列要求：
（a）易爆场所应选用防爆型仪表；
（b）测量腐蚀性介质或黏性介质时，应选用有防腐性能的仪表。
⑤ 测点布置及安装：循环流化床锅炉测点布置示意图如图 2.2 所示，表 2.4 为某循环流化床锅炉热工检测测点位置及检测仪器。

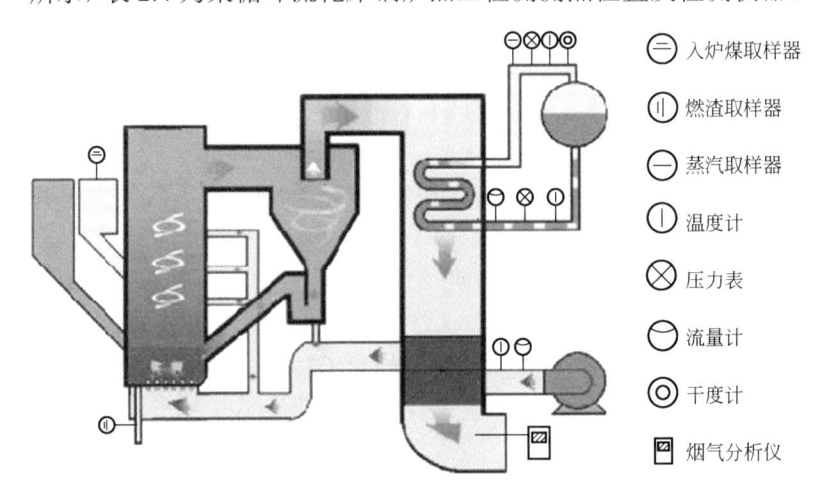

图 2.2　循环流化床锅炉测点布置示意图

表 2.4　某循环流化床锅炉热工检测测点位置与检测仪器

序号	测点名称和测试项目	测点位置	使用仪器
1	入炉煤取样、燃煤低位发热量	入煤仓前，上传送带上取样	化验室化验
2	燃煤计量、煤耗量	下传送带末端处计量	在线仪表：煤计量
3	蒸汽计量、蒸发量	蒸汽出口	在线仪表：蒸汽流量计
4	蒸汽压力	蒸汽出口	在线仪表：压力表
5	过热蒸汽温度	蒸汽出口	在线仪表：温度计
6	给水流量	进省煤器前水管	在线仪表：流量计

2 稠油注汽系统节能监测方法

续表

序号	测点名称和测试项目	测点位置	使用仪器
7	给水压力	给水泵出口	在线仪表：压力表
8	给水温度	进省煤器前水管	在线仪表：温度计
9	排烟温度	出空预器后、进除尘器前烟道	在线仪表：温度计；检测仪表：KM-950烟气分析仪
10	烟气成分（O_2）	出空预器后、进除尘器前烟道	在线仪表：氧量计；检测仪表：KM-950烟气分析仪
11	烟气成分（CO，CO_2）		检测仪表：KM-950烟气分析仪
12	空气系数		
13	飞灰取样	除尘器出口取样	化验室化验
14	炉渣取样	出渣器出口取样	化验室化验
15	环境温度	鼓风机入口空间	检测仪表：红外测温仪

（3）测试步骤：

① 检查仪器是否满足测试要求，主机和配件应完好无损。

② 检查被监测设备及辅机运行是否正常，工况及环境应满足测试要求。

③ 根据测试方案、测点布置要求及仪器使用说明安装测试仪器。

④ 按仪器使用说明或操作规程进行仪器操作，对原始记录中的项目参数按要求进行读数、记录和复核。

⑤ 宜进行预备性测试，全面检查测试仪器运行是否正常，熟悉测试操作程序，检查测试人员配合情况。

⑥ 正式测试时，各测试项目必须同时进行。

⑦ 测试结束后，检查被测设备及复核测试仪器是否完好，并记录在原始记录中。

⑧ 检查所取数据是否完整、准确，异常数据应查明原因，以

确定剔除或重新测试。

⑨ 项目负责人宣布现场测试结束，收取测试仪器、复原测试现场，在确认符合 HSE 闭环管理要求后撤离测试现场。

2.1.2.5 监测报告

循环流化床锅炉节能监测报告的内容应符合 DL/T 964—2005《循环流化床锅炉性能试验规程》及 GB/T 15317—2009《燃煤工业锅炉节能监测》要求，报告格式应符合 Q/SY 1578—2013《节能监测报告编写规范》，主要由封面、声明页、签署页、正文及附件五部分组成。

2.1.3 链条炉排锅炉节能监测方法

链条炉排锅炉节能监测可参考 GB/T 15317—2009《燃煤工业锅炉节能监测》、GB/T 10180—2017《工业锅炉热工性能试验规程》等进行。

2.1.3.1 测试内容

依据 GB/T 15317—2009《燃煤工业锅炉节能监测》，链条炉排锅炉节能监测内容包括检查项目和测试项目。

（1）检查项目：

① 不应使用列入国家淘汰目录的锅炉。

② 锅炉的给水、锅炉的水质应有定期分析记录并符合 GB/T 1576—2008《工业锅炉水质》的要求。

③ 应有 3 年内热效率测试报告，锅炉在新安装、大修、技术改造后应进行热效率测试。

④ 锅炉运行负荷，除短时间的负荷外，一般不应低于额定蒸发量或额定供热量的 70%。

（2）测试项目：

① 热效率。

2 稠油注汽系统节能监测方法

② 排烟温度。
③ 空气系数。
④ 炉渣含碳量。
⑤ 炉体表面温度。

2.1.3.2 测试要求

链条炉排锅炉的节能监测应在正常运行的实际运行工况下进行，测试仪器、测试工况、测试时间和测试人员必须满足 GB/T 10180—2017《工业锅炉热工性能试验规程》及 GB/T 15317—2009《燃煤工业锅炉节能监测》要求。

（1）测试仪表要求：

监测所用仪器应完好，并在检定周期内，其准确度及推荐使用仪器仪表见表 2.5。

表 2.5 主要测试参数及仪器准确度要求

测试参数	准确度等级	推荐测试用仪器仪表 名称	型号	测量范围	准确度（分度值）
排烟温度	0.5	烟气分析仪	KM950	0～600℃	(0.01℃)
排烟处氧含量	1.0	烟气分析仪	KM950	0～25%	±0.2%
排烟处一氧化碳含量	5.0	烟气分析仪	KM950	0～1%	±5.0%
给水流量	1.0	超声波流量计	TDS-100H	0～±12m/s	±1.0%
给水温度	0.5	多功能测量仪	testo 445	-200～600℃	±0.5%
给水压力	1.5	精密压力表	—	—	0.4 级
蒸汽温度	0.5	多功能测量仪	testo 445	-200～600℃	±0.5%
蒸汽压力	1.5	精密压力表	—	—	0.4 级
蒸汽干度	1.5	电导仪	SG7	0～1000 mS/cm	±0.5%
表面温度	1.0	红外线测温仪	FLUKE568	-40～800℃	(0.1℃)
质量（煤）	Ⅲ	在线仪表	—	—	—

（2）测试工况要求：

链条炉排锅炉测试应在锅炉及其辅助系统和设备运行正常、热负荷波动不超过±5%的稳定运行工况下进行。

（3）测试时间要求：

从热力工况达到稳定状态开始，测试时间应不少于 1h，除需化验分析的有关测试参数外，所有测试参数每隔 15min 读数记录一次，取其平均值作为测试结果。

（4）测试人员要求：

测试人员应由熟悉相关标准并了解链条炉排锅炉的结构原理，且具有测试经验的专业人员担任。测试过程中，测试人员不宜变动。

2.1.3.3 主要测试参数

链条炉排锅炉的节能监测主要包括燃料参数、蒸汽和给水参数、烟气参数、炉渣及飞灰参数等，具体如下：

（1）排烟温度；

（2）烟气组分；

（3）给水流量；

（4）给水压力；

（5）给水温度；

（6）蒸汽流量；

（7）蒸汽压力；

（8）蒸汽温度；

（9）蒸汽干度；

（10）燃煤消耗量；

（11）炉渣重量；

（12）炉体外表面温度；

（13）煤的组分、低位发热量；

（14）炉渣、飞灰可燃物含量；

（15）环境温度。

2 稠油注汽系统节能监测方法

2.1.3.4 测试方法

链条炉排锅炉的节能监测主要包括测试前准备、按要求布置测点、按标准和测试方案要求开展现场测试等步骤。

（1）测试前准备：

测试前应根据被测对象具体情况明确测试边界范围，制订测试方案，准备测试仪器，组织测试人员并进行明确分工。

① 确定监测对象，划分被监测系统的范围。

② 收集基础资料，包括被测系统的主要工艺流程、运行参数、额定生产能力、当前生产能力、主要设备档案、节能技术应用情况等与测试有关的资料。

③ 根据标准要求，结合现场具体情况制订测试方案。测试方案应包括：

（a）测试任务和要求；

（b）测试项目；

（c）测点布置与测试仪器；

（d）人员组成与分工；

（e）测试进度安排等。

④ 检查测试仪器是否满足现场测试量程、介质、安全等要求，现场环境能否满足仪器安装、使用的要求，测试前后应对测试仪器的状况进行确认。

⑤ 明确负责人职责：

（a）负责项目方案的编写；

（b）负责测试人员任务派发；

（c）负责监督测试人员执行相应的标准或技术规范；

（d）负责对监测工作程序、质量控制的执行情况进行监督等；

（e）负责测试过程中 HSE 管理。

⑥ 划分测试人员职责：

（a）掌握相关监测标准，具备相关专业知识和能力；

（b）负责正确选用、使用测试仪器设备；
（c）依据监测标准正确读取和记录测试数据；
（d）负责对监测环境的观察、记录；
（e）根据测试方案开展现场测试，按测试分工做好测试准备（记录、仪器、资料等）；
（f）服从项目负责人安排，按时、按质、按量完成测试任务。
（2）测点布置：

链条炉排锅炉各参数测点布置按照 GB/T 15317—2009《燃煤工业锅炉节能监测》、GB/T 10180—2017《工业锅炉热工性能试验规程》的要求进行，如图 2.3 所示。

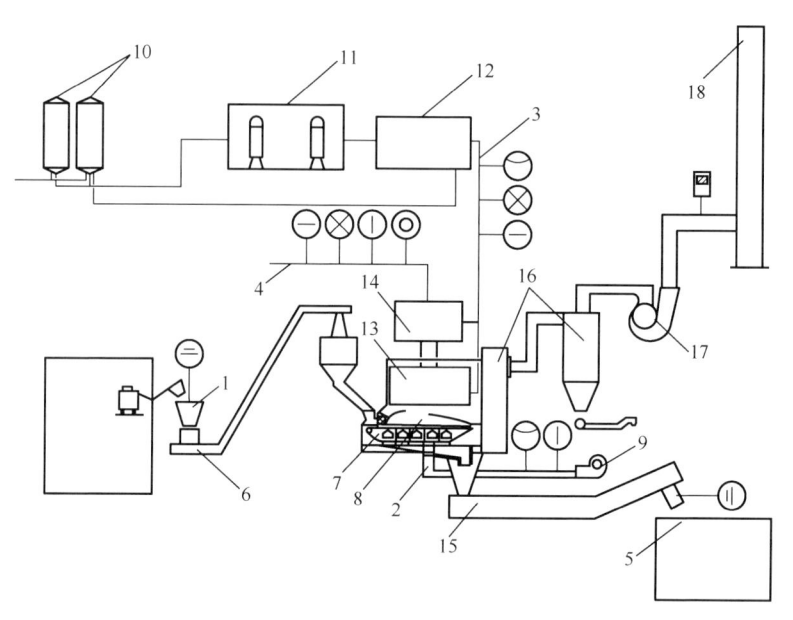

图 2.3 链条炉排锅炉测点布置示意图
1—给煤；2—给风；3—给水；4—蒸汽；5—煤渣；6—上煤机；7—链条炉排；
8—燃烧室；9—鼓风机；10—生水罐；11—水处理；12—给水装置；
13—水冷壁（蒸发器）；14—锅筒；15—除渣机；16—除尘器；
17—引风机；18—烟囱

2 稠油注汽系统节能监测方法

① 入炉燃料取样在上煤设备（皮带）间断取样。
② 炉渣取样在灰斗下部定期取样。
③ 飞灰取样在除尘器下部取样（测试前将落灰口堵住，测试结束后将下灰口孔盖打开，并搅拌均匀，缩分取样）。
④ 供风测定点选在送风机出口至进风段风门前的直管上。
⑤ 烟气分析和烟气温度测定点为同一取样和测定孔，选在进除尘器前烟道。

表 2.6 为某链条炉排锅炉测点布置与检测仪表。

表 2.6 某链条炉排锅炉测点布置与检测仪表

序号	测点名称和测试项目	测点位置	使用仪表
1	入炉煤取样、燃煤低位发热量	入煤仓前，上传送带上取样	化验室化验
2	燃煤计量	下传送带末端处计量	在线仪表：煤计量
3	蒸汽计量	蒸汽出口	在线仪表：蒸汽流量计
4	蒸汽压力	蒸汽出口	在线仪表：压力表
5	蒸汽温度	蒸汽出口	在线仪表：温度计
6	给水流量	进省煤器前水管	在线仪表：流量计
7	给水压力	给水泵出口	在线仪表：压力表
8	给水温度	进省煤器前水管	在线仪表：温度计
9	排烟温度	出空预器后、进除尘器前烟道	在线仪表：温度计；检测仪表：KM-950 烟气分析仪
10	烟气成分（O_2）	出空预器后、进除尘器前烟道	在线仪表：氧量计；检测仪表：KM-950 烟气分析仪
11	烟气成分（CO，CO_2）		
12	炉渣计量	出渣器出口计量	衡器

续表

序号	测点名称和测试项目	测点位置	使用仪表
13	炉渣取样	出渣器出口取样	化验室化验
14	飞灰取样	除尘器出口取样	化验室化验
15	环境温度	距炉体周围1m处	检测仪表：温度计

（3）测试步骤：

① 检查仪器是否满足测试要求，主机和配件应完好无损。

② 检查被监测设备及辅机运行是否正常，工况及环境应满足测试要求。

③ 根据测试方案、测点布置要求及仪器使用说明安装测试仪器。

④ 按仪器使用说明或操作规程进行仪器操作，对原始记录中的项目参数按要求进行读数、记录和复核。

⑤ 宜进行预备性测试，全面检查测试仪器运行是否正常，熟悉测试操作程序，检查测试人员配合情况。

⑥ 正式测试时，各测试项目必须同时进行。

⑦ 测试结束后，检查被测设备及复核测试仪器是否完好，并记录在原始记录中。

⑧ 检查所取数据是否完整、准确，异常数据应查明原因，以确定剔除或重新测试。

⑨ 项目负责人宣布现场测试结束，收取测试仪器、复原测试现场，在确认符合HSE闭环管理要求后撤离测试现场。

2.1.3.5 监测报告

链条炉排锅炉节能监测报告内容应符合 GB/T 15317—2009《燃煤工业锅炉节能监测》、GB/T 10180—2017《工业锅炉热工性能试验规程》要求，报告格式应符合 Q/SY 1578—2013《节能监测报告编写规范》，主要由封面、声明页、签署页、正文及附件五部分组成。

2.1.4 注汽锅炉主要参数测试方法

注汽锅炉节能监测的主要参数包括蒸汽参数、烟气参数、燃料参数、给水参数和其他参数。

2.1.4.1 蒸汽参数测试方法

蒸汽参数主要包括蒸汽流量、蒸汽温度、蒸汽压力和蒸汽干度。

（1）蒸汽流量：注汽锅炉蒸汽流量的测量可用系统精度不低于 1.5 级的孔板流量计（由孔板配套差压变送器、流量积算仪等组成，如图 2.5 所示）、涡街流量计、变面积流量计等仪表测量。下面主要介绍孔板流量计的工作原理、使用方法和注意事项。

① 工作原理：孔板流量计是差压式流量计的一种，流体流经孔板的速度和其压力损失的平方根成比例关系。流体流经一个收缩截面，通过测量流体通过此截面的压差来计量流体的流量，如图 2.4 所示。

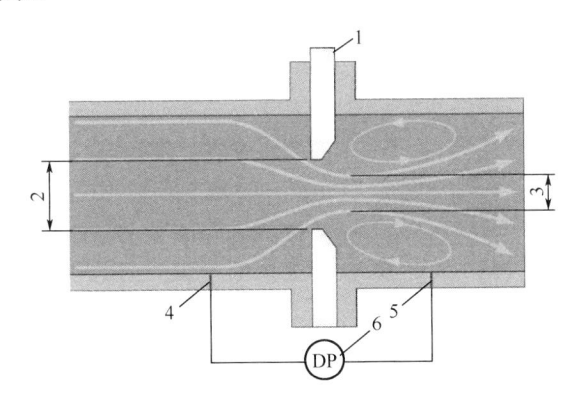

图 2.4 孔板流量计

1—孔板；2—孔板直径；3—最小收缩断面直径；4—上游压力感应孔；
5—下游压力感应孔；6—差压变送器

② 使用方法：正确选择和安装孔板可有效保证系统的正常运行和测量准确度，图 2.5 为孔板流量计的组成及安装示意图。

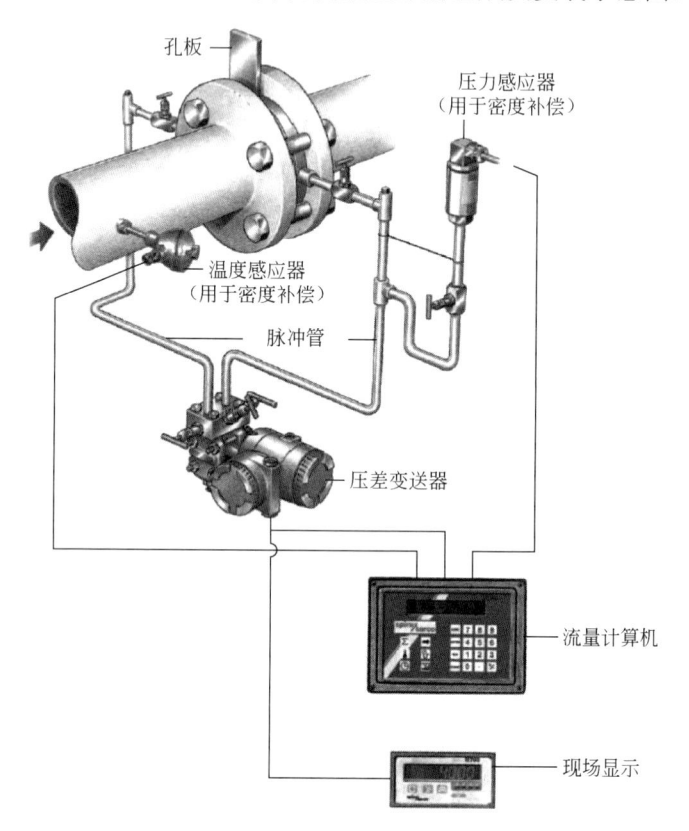

图 2.5　孔板流量计的安装示意图

③ 注意事项：

（a）如果设计或安装不当，可能导致管道堵塞。

（b）孔板的直角边缘在长期运行后可能会磨损，特别是测试肮脏的蒸汽时，会改变孔板的特性，且影响精度。因此，为保证孔板的重复性和精度，必须对孔板进行周期检查和更换。

（c）安装孔板流量计系统的管道长度要求较高，为保证精度，

2 稠油注汽系统节能监测方法

必须保证上、下游分别至少有 10 倍和 5 倍管径的直管段。

（2）蒸汽温度：注汽锅炉蒸汽温度的测量，可使用热电阻温度计、热电偶温度计或水银温度计，精度不低于 0.5 级。下面以热电偶温度计为例，介绍蒸汽温度的测试方法。

① 测温原理：热电偶由两种不同成分的均质导体组成闭合回路，如图 2.6 所示。当两端存在温度梯度时，回路中就会有电流通过，此时两端之间就存在热电动势，而热电动势的大小与热电偶的材料及其工作端温度和冷端温度等有关。根据热电动势与温度的函数关系，制成热电偶分度表，在热电偶材料一定的情况下，若保持冷端温度不变，则根据热电动势的大小就能推算出被测温度的数值。

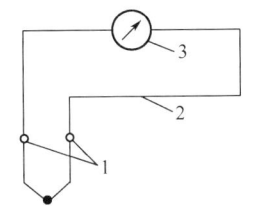

图 2.6 热电偶测温原理
1—热电偶；2—连接导线；
3—显示仪表

② 使用方法：

(a) 设置好热电偶，并在其一端连接导线。

(b) 将导线与测温显示仪相连接。

(c) 将热电偶插入烟道中心处，并保持热电偶插入处的密封。

(d) 开始测温。

③ 注意事项：

(a) 热电偶应避免剧冷骤热。

(b) 热电偶不宜超在过上限温度时长时间使用。

(c) 绝缘管的正负极性要标明，严禁互换。

（3）蒸汽压力：注汽锅炉的蒸汽压力测量应采用精度不低于 1.5 级的压力表。在工业锅炉上常用的压力表有液柱式压力表、弹簧管式压力表、波纹管式压力表等。下面以弹簧管式压力表为例，介绍注汽锅炉蒸汽压力的测定方法。

① 工作原理：弹簧管式压力表主要由弹簧管、传动放大结构、指示机构和表壳四大部分组成。当被测带压介质进入弹簧管内，

其自由端将受压并产生位移,该位移通过传动放大机构放大,带动指针旋转,将被测压力在刻度盘上指示出来,如图 2.7 所示。

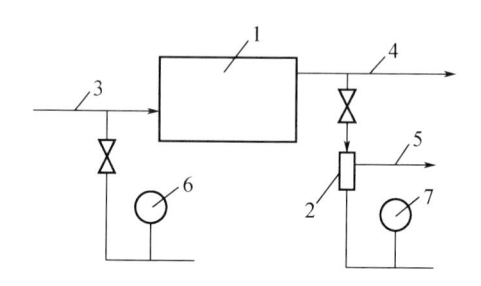

图 2.7 弹簧式压力表结构

1—接头；2—衬圈；3—度盘；4—指针；5—弹簧管；
6—传动机构（机芯）；7—连杆

② 使用方法：
（a）压力表应在检定有效期内使用。
（b）安装压力表时，盘面应垂直放置。
（c）压力表调整校对的温度是 20℃±5℃，如使用环境温度偏离标准温度（20℃±5℃）时，应考虑温度附加误差。
③ 注意事项：
（a）在使用时，压力表应垂直于地面安装在易于观察、便于维护的位置上。
（b）压力表安装位置与测压点位置垂直距离很大时，应修正液柱差；
（c）压力表安装处与测压点应保持最小距离，以免仪表指示延迟；
（d）压力表的接管上要装存水弯管，使蒸汽在弯管内冷凝，以避免高温蒸汽直接进入压力表的弹簧管内，致使表内元件过热而产生变形，影响压力表的精度。

(4)蒸汽干度：目前注汽锅炉蒸汽干度测量方法主要有氯根法、电导率法、热力学法、光学法、示踪剂法等方法。下面以电导仪测量法为例，介绍蒸汽干度的测量方法。

① 工作原理：在一定压力及对应饱和温度下产生的蒸汽称为饱和蒸汽，饱和蒸汽中通常都带有一定量的水滴，每千克饱和蒸汽中含有水滴的质量分数称为饱和蒸汽的湿度，每千克饱和蒸汽中扣除水滴后的质量分数称为饱和蒸汽的干度。

锅炉给水中含有一定的盐分，通常情况下盐类不能在干蒸汽中溶解，因此，通过测量直流锅炉的给水含盐量（电导率）及炉水含盐量（电导率）就可以测量出其蒸汽干度；对其他锅炉，可通过测量锅水含盐量（电导率）及饱和蒸汽凝结水含盐量（电导率）来测定饱和蒸汽的湿度（干度）。

图 2.8 为直流锅炉双电导率仪测量干度原理图。通过电导传感器（用作电极），可以直接检测出炉水和给水的电导率，由于水的电导率和水中的含盐量成正比，即：

$$\begin{aligned}干度 &= （炉水含盐量-给水含盐量）/炉水含盐量 \\ &= （炉水电导率-给水电导率）/炉水电导率\end{aligned} \quad (2.1)$$

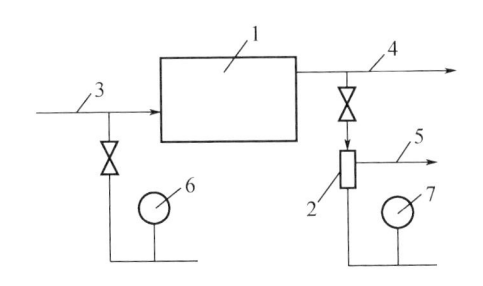

图 2.8 双电导率仪测量干度原理图

1—注汽锅炉；2—干度化验用气液分离器；3—给水管道；4—湿蒸汽管道（去注汽井）；5—干饱和蒸汽（雾化或供热）；6—给水电导率仪；7—炉水电导率仪

② 使用方法：

（a）打开电源开关，电导率仪进入测量状态。

（b）根据测试需要，设置量程、测量参数等。

（c）仪器在测量状态下，将清洗过的电极浸入溶液中，此时显示数值即为被测溶液的电导率值。

③ 注意事项：

（a）为确保测量精度，电极使用前应用小于 $0.5\mu S/cm$ 的蒸馏水或去离子水冲洗两次（电极长时间放置后，使用前须先用蒸馏水浸泡后再使用），然后用被测试样冲洗三次方可用于测量。

（b）电极插头座应禁止受潮，以免造成测量误差。

（c）电极应定期进行常数标定。

（d）测量电极是精密部件，不可分解，不可改变电极形状和尺寸，且不可用强酸强碱清洗，以免改变电极常数而影响仪表测量的准确性。

（e）仪表应安置于干燥环境，避免因水滴溅射或受潮而引起仪表漏电或测量误差。

图 2.9 是一种基于电导率法的锅炉蒸汽干度在线实时检测和控制系统。

2.1.4.2 烟气参数测试方法

(1)锅炉烟气参数的测试主要包括排烟温度和烟气组分两类。

① 排烟温度：应在锅炉最后一级尾部受热面出口 1m 以内的平直烟道上测试，测温元件应插入烟道中心处并保持热电偶插入处的密封。

用热电偶温度计测量排烟温度时，测试仪器及使用方法与 2.1.4.1 节中蒸汽温度的测试仪器及使用方法基本一致。用烟气分析仪测试锅炉排烟温度时，参见烟气组分测试内容。

2 稠油注汽系统节能监测方法

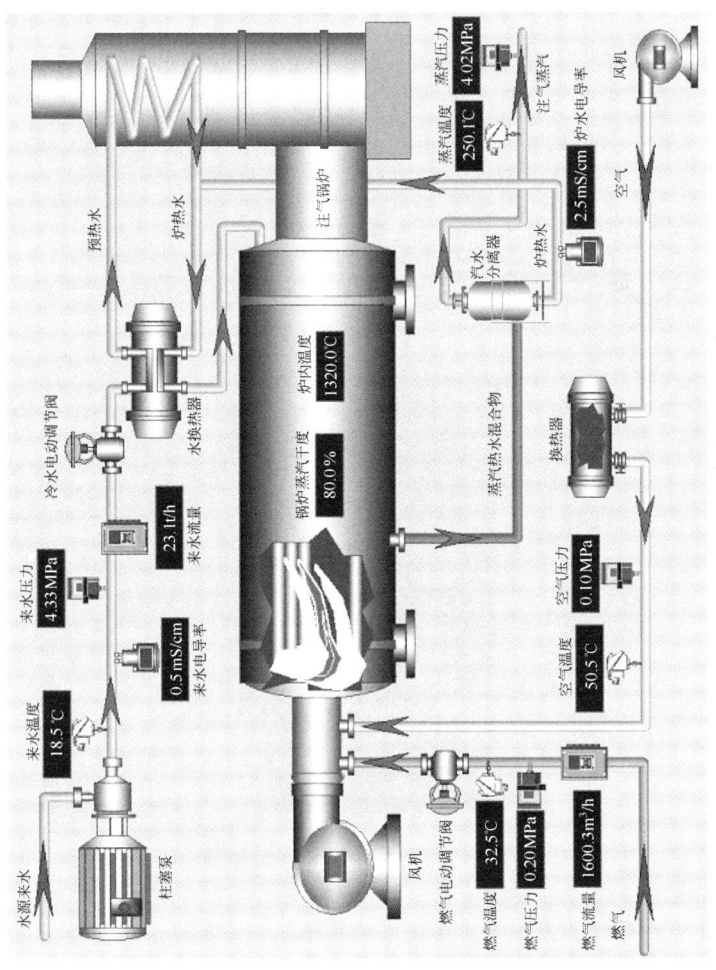

图 2.9 锅炉干度实时测控系统

②烟气组分：在锅炉测试中，用于测定烟气中各种成分数量的仪器叫烟气分析仪，烟气成分分析方法很多，有容积分析法、色谱分析法、比色法、冷凝法以及电测法，根据不同的烟气成分可采用不同的方法分析。目前测试用的便携式烟气分析仪器多采用电化学式传感器进行测量，下面以常用的 KM950 型烟气分析仪为例，介绍锅炉烟气组分测试方法。

（2）工作原理：KM950 型烟气分析仪（图 2.10）属于便携式电化学式气体测试仪，它是采用电化学传感器的气体检测仪。由于很多气体都有电化学活性，能被电化学氧化或者还原，而这种反应产生的电流与发生反应的气体浓度成一定比例，因此可通过这类反应检测出气体的成分及浓度。

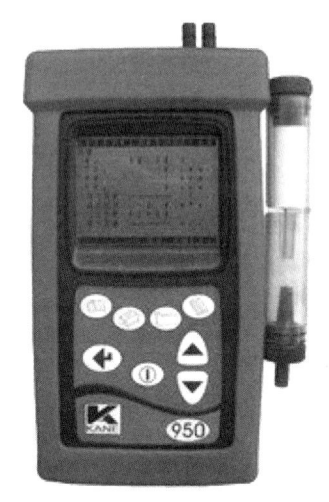

图 2.10　KM950 型烟气分析仪

（3）使用方法：

① 开机前准备：

（a）检查仪器传感器、过滤器是否清洁与正确安装并能正常工作，将仪器置于干净、平坦的水平面上。

(b) 检查烟气探针及烟气导管与主机是否正确连接且畅通。

(c) 烟道开取样孔，取样孔直径不小于 12mm、孔内无堵塞。

(d) 如果使用电池驱动仪器，则一定要在使用前充足电。

② 开机运行操作：

(a) 按下手操器开关"I/O"键，仪器立即开始工作，并进入时长 180s 的自动校准过程（务必在清洁空气中开机校准）。

(b) 校准工作完成后，通过按上、下键，选择燃料种类及单位，按回车键确认。

(c) 将探头从取样孔插入烟道中央位置，进行烟气取样及烟温测量。读数稳定后即可读数，按下存储键即可存储测试结果。

③ 主要参数设定：

(a) 燃料的选择设置：在测量前，首先要选择燃料种类；按菜单键进入菜单选项，通过上下键将光标移到"燃料选择"选项，按确认键进入该选项列表，用上下键选择相应的燃料，然后按确认键。

(b) 单位的设定：由菜单键进入到"单位设定"选项，然后按确认键选择需要设定的单位，按上下键更改。

(c) 时间的设定：由菜单键进入"时间设定"选项后，通过按上下键来更改和确定时间。

(d) 查看记录：由菜单列表进入"查看记录"选项后，按确认键进入要查看的日期列表；按上键选择查看的起始日期，按确认键，再按下键选择查看的终止日期后，按存储键即可查看选定日期段内所存储的数据（按菜单键可依次查看选定的其他数据），如需退出界面，可直接按存储键返回。

(e) 删除记录：进入菜单里的"删除记录"选项后，按上键选择要删除数据的起始日期，按确认键后，再按下键选择要删除数据的终止日期，最后按存储键删除。

(f) 测量平均的设定：由菜单进入"测量平均"选项后光标将自动转移到"关闭""启动"选项，再按确认键。

（g）测量浓度报警值的设定：进入"报警设定"选项后，光标将自动转移到浓度值处，按上键为增加数值，下键为减小数值。

（h）显示设置：进入"显示设置"选项后，光标将自动转移"背光关"，按上下键选择"开"，这时背光会打开，再按确认键将进入"对比度"设定。注意，在调整对比度过程中，如果屏幕全黑或全白，只需向相反方向按上下键调节即可。

④ 测量完毕后，将探头从烟道中小心取出。让仪器吸入新鲜空气约 3~5min，使其自动清洁。当 O_2 读数恢复至 20.9%、CO 读数恢复至 0 时，再按下"I/O"键关机。将探头与仪器脱开、除去探头及管路中的冷凝水，确认探头冷却后方可收藏仪器（注意不要碰坏探头）。

（4）注意事项：

① 测量时，导气管不应有缠绕、打结现象，确保气流畅通。

② 切不可将探头浸入液体，这样会损坏传感器，同时影响热电偶的准确性。

③ 仪器必须定期充电，以确保电量处于充足状态，在低温环境下要注意电池防冻。

④ 测量时，烟道取样孔处不能有漏风，否则应该堵漏。

⑤ 测量时，分析仪出气口不能有堵塞现象，否则会严重影响分析仪的操作。

⑥ 测试期间应做好身体防护，防止炉体、烟囱的高温部位烫伤。

2.1.4.3 燃料参数测试方法

注汽锅炉燃料参数主要包括燃料的组成成分、消耗量等，其测试方法主要包括燃料取样和燃料计量。

（1）燃料取样：

① 入炉原煤取样，每次试验采集的原始煤样数量应不少于总燃煤量的 1%，且总取样量不少于 10kg，应在称重地点取样。当

锅炉额定蒸发量（额定热功率）大于或等于20t/h（14MW）时，采集的原始煤样数量应不少于总燃料量的0.5%。

② 对于液体燃料，从油箱或燃烧器前的管道上抽取不少于1L样品，倒入容器内，加盖密封，并做上封口标记，送化验室。

③ 对于气体燃料，将燃气取样器接在燃烧器前天然气管道采样阀上取样，送化验室分析其组成，计算发热量。

④ 对于混合燃料，可根据入炉各种燃料的元素分析、工业分析、发热量和全水分，再按相应基质的混合比例计算发热量，并以此作为单一燃料处理。

（2）燃料计量：

① 固体燃料应使用衡器称重，其精度不低于0.5级，衡器应检定合格，燃料应与装运燃料的容器一起称重，试验开始和结束时该容器重量应各校核一次。

② 对于液体燃料，应用称重法或经标定的油箱（或罐）测量其消耗量，也可用油流量计测定，其精度不低于0.5级。

③ 对于气体燃料，可用气体流量表（精度不低于1.5级）或标准孔板流量计测定消耗量，气体压力和温度应在流量测定的同时检测，以便将实际状态的气体流量换算成标准状态下的气体流量。

2.1.4.4 给水参数测试方法

注汽锅炉给水参数主要包括给水流量、温度、压力。

（1）给水流量：注汽锅炉的给水流量可用水箱、涡轮流量计（精度不低于0.5级）、孔板流量计（其测量系统精度不低于1.5级）、涡街流量计（精度不低于1.5级）等任一种仪表测定，也可用超声波流量计（精度不低于1.5级）测量。下面以涡街流量计为例，介绍注汽锅炉给水流量的测试方法。

① 工作原理：涡街流量计（图2.11）是在流体中安放一根（或多根）非流线型体，流体在非流线型体两侧交替地分离并释放出

两串规则的旋涡。在一定的流量范围内,旋涡分离频率正比于管道内的平均流速,通过采用各种形式的检测元件测出旋涡频率,就可以推算出流体的流量。

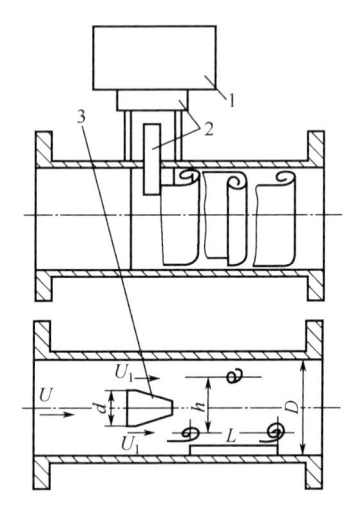

图 2.11 涡街流量计
1—转换器；2—检测元件；3—旋涡发生体

② 使用方法：

安装：涡街流量计对管道流速分布畸变、旋转流和流动脉动等敏感,现场管道安装应按照产品使用说明书的要求执行。

使用步骤：

（a）现场安装完毕通电和通流前的检查：主管和旁通管上各法兰、阀门、测压孔、测温孔及接头应无渗漏现象；管道振动情况应符合说明书规定；传感器安装应正确,各部分电气连接应良好。

（b）接通电源静态调试：在通电不通流时转换器应无输出,瞬时流量指示为零,累计流量无变化,否则首先检查是否因信号线屏蔽或接地不良,或管道震动强烈而引入干扰信号；如确认不

2 稠油注汽系统节能监测方法

是上述原因时,可调整转换器内电位器,降低放大器增益或提高整形电路触发电平,直至输出为零。

(c) 流动态调试:关旁通阀,打开上下游阀门,流动稳定后,转换器输出连续的脉宽均匀的脉冲,流量指示稳定无跳变,调阀门开度,输出随之改变;否则,应细致检查并调整电位器,直至仪表输出既无误触发又无漏脉冲为止。

③ 注意事项:

(a) 流量计的安装必须按要求进行,避免因安装不当对仪表造成损伤以及影响计量精度。

(b) 流量计应尽量避免安装在较长的架空管道上,因为管道的下垂容易造成流量计与法兰间的密封泄漏。若必须安装时,应在流量计的上、下游 $2D$ 处分别设置管道支撑。

(c) 流量计最好安装在室内,室外安装应注意防水,特别注意在电气接口处应将电缆线弯成 U 形,避免水顺着电缆线进入放大器壳内。

(d) 流量计安装点周围应留有较充裕的空间,以便安装接线和定期维护。

(2) 给水温度:注汽锅炉给水温度与 2.1.4.1 的蒸汽温度测试方法基本一致。

(3) 给水压力:注汽锅炉给水压力测量应采用精度不低于 1.5 级的压力表,其测量方法与 2.1.4.1 的蒸汽压力测试方法基本一致。

2.1.4.5 其他参数测试方法

注汽锅炉节能监测的其他参数包括炉渣含碳量、炉体表面温度等。

(1) 炉渣含碳量:装有机械除渣设备的锅炉,可在出灰口处定期取样(一般 15~20 min 取样一次);取样应注意样本的均匀性和样品的代表性;炉渣样品数量应不少于总炉渣数量的 2%;

当燃煤灰分大于40%时,炉渣样品数量应不少于总炉渣数量的1%,但数量应不少于2kg,1kg送化验、1kg封存备查。

(2)炉体表面温度:炉体表面温度的测点选择应具有代表性,应均匀布置在锅炉外壁的各个侧面上,每侧墙不得少于12个点,窥探孔和观火门300mm范围内不应布置测试点。一般$1m^2$的面积取一个测点,每个测点每隔15min记录一次,以其平均值作为测试结果。

可用表面温度计、红外测温仪等仪表测量注汽锅炉炉体表面温度。下面以常用的Fluke 568型红外测温仪(图2.12)为例,介绍注汽锅炉炉体表面温度的测试方法。

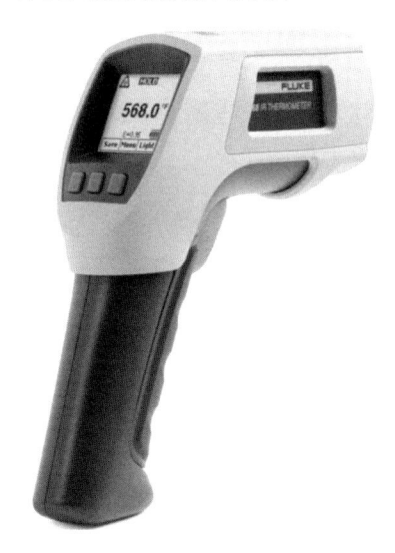

图2.12 Fluke 568型红外测温仪

① 工作原理:Fluke 568型红外测温仪通过测量物体表面辐射的红外能量来确定物体的表面温度。测温仪的光学装置能够感知汇聚在探测器上的辐射能量、反射能量和透射能量,其电子元件将信号转换为温度读数,并显示在显示屏上(图2.13)。

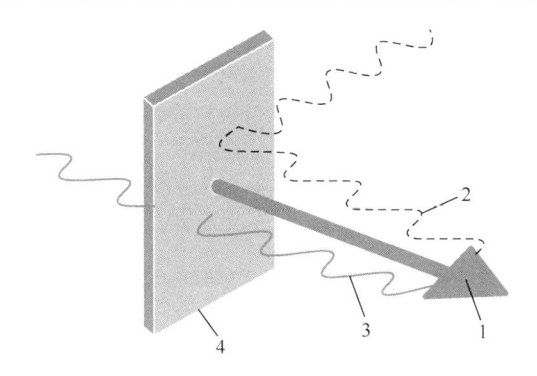

图 2.13　Fluke 568 型红外测温仪工作原理

1—辐射能量；2—反射能量；3—透射能量；4—目标

② 使用方法：设定好测温仪黑度系数，将其对准目标并扣动扳机测量温度，可借助激光指示器瞄准。另外，还可以插入 K 型热电偶探头，进行接触式测量。测量时要考虑距离与光点直径比和视场，温度读数显示在显示屏上。测温仪具有自动关机功能，可在 20s 无操作后自动断开测温仪的电源。要启动测温仪，扣动扳机即可。

③ 注意事项：

（a）勿将激光直接对准人的眼睛或从反射面间接照射。

（b）出现电池电量不足指示时，应尽快更换电池。

（c）切勿在有爆炸性的气体、蒸汽或灰尘附近使用测温仪。

（d）勿将选用的外接探头与通电的电路连接。

（e）勿将测温仪靠近或放在高温物体上。

2.2　注汽管道节能监测方法

注汽管道节能监测依据 GB/T 8174—2008《设备及管道绝热效果的测试与评价》、GB/T 17357—2008《设备及管道绝热层表面热损失现场测定　热流计法和表面温度法》、GB/T 15910—2009《热力输送系统节能监测》、SY/T 6835—2017《油田热采注汽系统节能监测规范》等进行。

2.2.1 测试内容

依据 GB/T 15910—2009《热力输送系统节能监测》及 SY/T 6835—2017《油田热采注汽系统节能监测规范》，注汽管道节能监测内容包括检查项目和测试项目。

2.2.1.1 检查项目

注汽管线主要有以下检查项目：

（1）注汽管道、阀门、活动管线、补偿器、卡箍及注汽井口不应有漏气现象。

（2）注汽管道、阀门、管托及活动管线、补偿器、卡箍及注汽井口应采取隔热保温措施，隔热保温结构不应有严重破损、脱落等缺陷。

（3）外表面温度大于或等于 50℃且公称直径 DN≥80mm 的阀门、法兰等附件，除工艺生产上不宜或不需要保温的部分外，均应保温。

（4）保温材料的选用应符合 GB/T 4272—2018《设备及管道绝热技术通则》规定。

（5）室外注汽管道保温结构应有防雨、防湿及不易燃烧的保护层。

（6）地沟内敷设的注汽管道不得受积水浸泡。

（7）注汽管道应采用固定式保温结构，法兰与阀门等附件应采用可拆式保温结构。

（8）注汽管道产生凝结水处应安装疏水阀，并保持完好；不得用淘汰产品，也不得用阀门代替疏水阀。

2.2.1.2 测试项目

注汽管道主要有以下测试项目：

2 稠油注汽系统节能监测方法

（1）保温结构表面温升，主要涉及如下参数的测定：
① 保温结构的外表面温度。
② 测点周围的环境温度。
③ 测点周围的风速。
（2）表面散热损失。
（3）注汽井口外表面温度。
（4）疏水阀漏汽率。

2.2.2 测试要求

注汽管道的节能监测应在正常运行的实际运行工况下进行，测试仪器、测试工况、测试时间和测试人员必须满足 GB/T 17357—2008《设备及管道绝热层表面热损失现场测定 热流计法和表面温度法》、GB/T 15910—2009《热力输送系统节能监测》、SY/T 6835—2017《油田热采注汽系统节能监测规范》等的要求。

2.2.2.1 测试仪器要求

测试所用仪器完好，并在检定周期以内，其准确度要求及推荐使用的仪器仪表见表 2.7。

表 2.7 主要测试参数及仪器准确度要求

测定项目	准确度要求		推荐测试用仪器仪表			
	一级测定	二级、三级测定	名称	型号	测量范围	准确度
热流密度	±5%	±5%	热流计	HFM-215N	12~3500 W/m²	±2.0%
保温结构表面温度	±0.5℃	±1.0℃	红外测温仪（配表面探头）	Fluke568	-40~800℃	±1.0℃
环境温度	±0.2℃	±0.5℃	精密棒式温度计	—	-30~100℃	±0.15℃

续表

测定项目	准确度要求		推荐测试用仪器仪表			
	一级测定	二级、三级测定	名称	型号	测量范围	准确度
风速	±5%	±10%	多功能测量仪	testo450	0.2～60m/s	±2.0%
疏水阀漏气量	—	—	电子天平	PR2002	0～2100g	±0.01g
疏水阀排水量	—	—	衡器			
蒸汽压力	±1.5%	±1.5%	精密压力表	—	—	0.4级

注：测试等级的划分参见标准 GB/T 8174—2008《设备及管道绝热效果的测试与评价》。

2.2.2.2 测试工况要求

注汽管道现场测试条件需满足以下几点：

（1）应在管道投入运行不少于 8h 后且管内介质参数基本保持稳定的条件下测试。

（2）为满足一维稳定传热条件，应排除和减少不稳定因素对测试结果的影响，并避免在恶劣气候条件下测试。

（3）测试蒸汽管道环表温差时，测点风速不应大于 3.0m/s；测试蒸汽管道表面散热损失时，测点风速不应大于 0.5m/s，如不能满足应增加挡风装置。

（4）应避免日光直接照射或周围有其他热源影响，测试时应加以遮挡。

（5）埋地管道的测试若属开挖裸露测试，应参照地面测试要求；若属非开挖测试，在室外测量地温和介质温度时，也应避免风、日照和其他热辐射源的影响。

2.2.2.3 测试时间要求

从热力工况达到稳定状态开始，测试时间应不少于 1h；除需化验分析的有关测试项目外，所有测试参数每隔 15min 读数记录一次，测试结果取平均值。

2.2.2.4 测试人员要求

测试人员应由熟悉相关标准、并了解注汽管道保温工艺原理、且具有测试经验的专业人员担任。测试过程中，测试人员不宜变动。

2.2.3 主要测试参数

注汽管道节能监测主要包括以下测试参数：
（1）外表面温度。
（2）外表面热流密度。
（3）测点周围的环境温度。
（4）测点周围的风速。
（5）疏水阀漏汽率。
（6）疏水阀排水量。

2.2.4 测试方法

注汽管道的节能监测主要包括测试前准备、按要求布置测点、按标准和测试方案要求开展现场测试等步骤。

2.2.4.1 测试前准备

注汽管道测试前应根据被测对象具体情况明确测试边界范围，制订测试方案，准备测试仪器，组织测试人员并进行明确分工；
（1）确定监测对象，划分被监测系统的范围。
（2）基础资料的收集，包括被测管线的工艺流程、主要运行参数、当前注汽流量、注汽温度和压力、投运日期及保温工艺、节能技术应用情况等与测试有关的资料。

（3）根据标准规定，结合现场具体情况制订测试方案，主要包括：

① 测试任务和要求。

② 测试项目。

③ 测点布置与测试仪器。

④ 人员组成与分工。

⑤ 测试进度安排等。

（4）检查测试仪器，测试仪器应满足现场测试、安全要求，现场环境能否满足仪器安装、使用的要求，测试前后应对测试仪器的状况进行确认。

（5）明确负责人职责：

① 负责项目方案的编写。

② 负责测试人员任务派发。

③ 负责对测试人员执行相应的标准或技术规范进行监督。

④ 负责对监测工作程序的执行情况、质量控制进行监督等。

⑤ 负责测试过程中 HSE 管理。

（6）划分测试人员职责：

① 掌握相关监测标准，具备相关专业知识和能力。

② 负责正确选用、使用测试仪器设备。

③ 依据监测标准正确读取和记录测试数据。

④ 负责对监测环境的观察、记录。

⑤ 根据测试方案开展现场测试，按测试分工做好测试准备（记录、仪器、资料等）。

⑥ 服从项目负责人安排，按时、按质、按量完成测试任务。

2.2.4.2 测点布置

注汽管道各参数的测点布置应满足 GB/T 15910—2009《热力输送系统节能监测》、GB/T 17357—2008《设备及管道绝热层表面热损失现场测定　热流计法和表面温度法》的要求。

2 稠油注汽系统节能监测方法

（1）温度（热流密度）测点布置：在注汽管道上选择具有代表性的管段作为测试区，原则上宜按等温区域布置测点，有条件时可先用热像仪进行扫描初测，划定等温区。

每个测试区段长度不得少于 20m，沿测试区长度均匀布置 5 个测试截面，其中一个截面应布置在弯头处，否则应增加 1 个弯头测试截面。每个测试截面沿管道外表周长均匀布置 4 个温度测点，取其算术平均值。对架空管道环境温度与风速测点应布置在距离测试截面保温结构外表面 1m 处，对敷设在地沟中的管道应布置在测试截面的管道与沟壁之间中心处。各参数测点布置如图 2.14 所示。

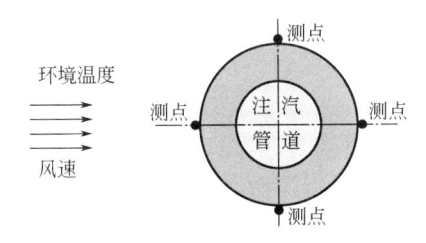

图 2.14　表面温度（热流密度）测点布置示意图

① 等温区域测点布置：横管和竖管应分别布置测点，并分别计算散热损失。沿管长取若干个测试截面，在每个截面的圆周上布置测点。每个管段的测试截面不应少于 5 个，对长距离注汽管道，站间测试截面不应少于 10 个。

② 保温异常部位测点布置：对保温异常部位应单独布点测试，并测量其表面积。对于阀门、法兰等金属裸露面、散热异常部位，应单独布点测试，并测量其表面积。

（2）疏水阀测点布置：在疏水阀凝结水出口测量疏水阀的凝结水量和泄漏蒸汽量，如图 2.15 所示。

2.2.4.3　测试步骤

注汽管道节能监测步骤如下：

（1）检查仪器是否满足测试要求，主机和配件应完好无损。

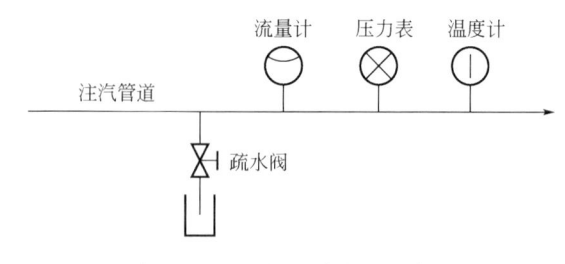

图 2.15　疏水阀测点布置示意图

（2）检查被监测注汽管道及疏水阀等辅件运行是否正常，工况及环境应满足测试要求，必要时采取防风、防日照、防外界热辐射影响等措施。

（3）根据测试方案、测点布置要求及仪器使用说明安装测试仪器。

（4）按仪器使用说明或操作规程进行仪器操作，对原始记录中的项目参数按要求进行读数、记录和复核。

（5）宜进行预备性测试，全面检查测试仪器运行是否正常，熟悉测试操作程序，检查测试人员配合情况。

（6）正式测试时，各测试项目必须同时进行。

（7）测试结束后，检查被测设备及复核测试仪器是否完好，并记录在原始记录中。

（8）检查所取数据是否完整、准确，异常数据应查明原因，以确定剔除或重新测试。

（9）项目负责人宣布现场测试结束，收取测试仪器、复原测试现场，在确认符合 HSE 闭环管理要求后撤离测试现场。

2.2.5　监测报告

注汽管道节能监测报告的内容应符合 GB/T 8174—2008《设备及管道绝热效果的测试与评价》、GB/T 17357—2008《设备及管道绝热层表面热损失现场测定　热流计法和表面温度法》、GB/T 15910—2009《热力输送系统节能监测》、SY/T 6835—2017《油田

2 稠油注汽系统节能监测方法

热采注汽系统节能监测规范》的要求,报告格式应符合 Q/SY 09578—2013《节能监测报告编写规范》,主要由封面、声明页、签署页、正文及附件五部分组成。

注汽管道节能监测报告的每部分应包含以下内容:

(1) 报告封面:

① 报告名称;

② 报告编号;

③ 监测设备;

④ 被测单位;

⑤ 监测单位;

⑥ 报告日期;

⑦ 资质印章;

⑧ 监测单位公章或检查检验专用章。

(2) 签署页:

① 参加测试人员;

② 编写人;

③ 审核人;

④ 签发人;

⑤ 签发日期。

(3) 报告正文:

① 报告名称;

② 概述;

③ 监测依据;

④ 使用仪器仪表;

⑤ 检查内容;

⑥ 测试内容;

⑦ 测试结果;

⑧ 分析评价;

⑨ 改进建议。

(4）报告附件：
① 监测结果数据表格；
② 简图及相关说明。

2.2.6　主要参数测试方法

注汽管道节能监测的主要参数包括外表面温度、外表面热流密度、疏水阀排水量、疏水阀漏气量、环境温度和风速等。

2.2.6.1　表面温度

注汽管道的外表面温度测试方法主要包括热电偶法、表面温度计法、红外辐射温度计法、红外热像法。

（1）热电偶法：将热电偶直接贴敷在绝热结构外表面以测量其表面温度的方法，这是测试绝热结构外表温度的基本方法，热电偶与被测表面应保持良好接触。

（2）表面温度计法：将表面温度计的传感器与被测绝热结构外表面接触以测量其外表面温度，测量时应保证传感器和被测表面紧密接触，并根据仪表的特性和不同的绝热结构外表面进行测点处理和读数修正，必要时用热电偶法对照执行。

（3）红外辐射温度计法：用红外辐射温度计瞄准被测保温结构外表面以测量其表面温度的方法，凡用低温红外线辐射温度计测量时，应正确确定被测表面热发射率值（即黑度值），并选择合理的距离与发射角，此法一般适用于非接触测量与运动中物体的测量。

（4）红外热像法：用红外热像仪扫描被测保温结构外表面，反映出保温结构外表面温度的分布，此法一般用于对被测保温结构外表面温度分布分析，宜在普查或远距离测量时使用。

下面简要介绍红外热像仪的测温原理、测试方法及注意事项。

① 红外热像仪测温原理：红外热像仪通过检测物体发射和反射过来的红外光强度，计算出物体表面每一点的温度，以不同的颜色显示不同的温度。

2 稠油注汽系统节能监测方法

② 红外热像仪使用方法及注意事项：

（a）调整焦距：这一步要在红外图像存储之前完成，如果目标周围或背景的过热或过冷的反射影响到目标测量的精确性时，试着调整焦距或者测量方位，以减少或者消除反射影响；当红外图像保存完毕，就无法再改变焦距以消除其他杂乱的热反射。

（b）校正测温范围：在测温之前，应当对红外热成像仪的测温范围微调，使之尽可能符合被测目标温度，才能保证得到最佳图像质量。

（c）调校测量距离：红外热成像仪与被测目标距离应当适中，距离过小会导致无法聚焦为清晰图像，距离过大导致目标太小，难以测量出真实温度；因此提前调好适中距离，尽可能让目标物体充满仪器所在现场，方能得到尽可能精确的数据。

（d）确保仪器平稳：使用红外热成像仪时应保证在按下存储键时，轻缓和平滑，确保所成图像精准清晰，建议使用三脚架支撑。

（e）兼顾成像清晰与测温精确：红外热图像能够用来测量现场温度，在确保成像清晰的前提下，精确测温则是进一步测量其他参数（包括发射率、风速及风向等）的关键，进而透彻地对目标温度进行比较和趋势分析。

③ 测温案例：图 2.16 为采用红外热像仪对注汽管道扫描后的红外热成像图。

图 2.16 注汽管道热成像图

2.2.6.2 表面热流密度

采用热阻式热流计,将其传感器埋设在绝热结构内或贴敷在绝热结构外表面,直接测定注汽管道外表面热流密度(散热损失),是测试设备表面散热损失的常用方法。当热流计的传感器埋设在绝热结构内时,应将测得的结果换算成绝热结构外表面散热损失值。当热流计的传感器紧密贴敷在绝热结构外表面时,应使传感器表面与被测表面的热发射率一致,并应尽可能减少传感器与被测表面间的接触热阻。

(1)将热流计传感器贴敷在被测物体外表面测试时,应满足下列要求:

① 应保证传感器与被测表面接触良好,粘贴表面应平整且无灰尘,传感器宜采用双面胶纸粘贴,也可用石膏、黄油或乳胶等粘贴,保证粘贴表面无气泡、无间隙;

② 应保证传感器与热流方向垂直,确保传感器表面形成等温面;

③ 应使传感器和被测表面的热发射率一致,若不一致,应在传感器外表面涂上或贴上与被测表面发射率相同的涂料或薄膜,否则应对测试结果修正;

④ 传感器粘贴后达到稳态传热(最少5min以上)方可读数;

⑤ 传感器由较高温度的表面移至较低温度表面测量时,应使传感器冷却至常温后再粘贴。

(2)将传感器敷设在保温结构内部预埋测试时,应保证垂直热流方向的传感器两个表面与被测物均有良好的接触,并应将测得结果换算成被测物体外表面的热流密度。

(3)对于埋地管道,应做好传感器和接头的防潮和防水处理。

2.2.6.3 疏水阀排水量和漏汽量

根据 GB/T 15910—2009《热力输送系统节能监测》,把通过疏水阀的凝结水和泄漏蒸汽的混合物排入盛冷水的计量桶中,测出其混合物焓值,用热平衡式计算出疏水阀排水量和漏汽量。

2.2.6.4 风速和环境温度

风速和环境温度应在距离被测注汽管道 1m 位置处测定,测试数据应不少于 4 组,取其算术平均值。

2.3 注汽井筒节能监测方法

注汽井筒节能监测方法除参考 SY/T 6130—2009《注蒸汽井参数测试及吸汽剖面解释方法》外,可参考的其他标准较少。在此,将根据相关研究提出的一些测试分析方法,探讨注汽井筒节能监测方法,主要包括测试内容、测试要求、主要测试参数、测试方法、计算方法、监测报告以及主要参数测试方法。

2.3.1 测试内容

注汽井筒的节能测试内容包括检查项目和测试项目。

2.3.1.1 检查项目

注汽井筒主要有以下检查项目:
(1)检查管线阀门、法兰是否漏失,冬季应检查管线、井口有无冻结;
(2)紧固井口所有法兰螺栓(钉),检查注汽压力表、温度计是否准确灵敏;
(3)沿管线检查一遍,看有无泄漏,观察注汽压力与温度;
(4)井口装置应齐全、无泄漏,阀门应开关灵活。

2.3.1.2 测试项目

注汽井筒主要有以下测试项目:
(1)蒸汽温度;

（2）蒸汽压力；
（3）蒸汽流量；
（4）蒸汽干度；
（5）井筒热损失。

2.3.2 测试要求

注汽井筒的测试要求包括井口装置、井下技术状况、测试人员和健康、安全、环境控制要求。

2.3.2.1 井口装置

注汽井筒节能测试对井口装置主要有以下要求：
（1）井口设施应齐全、无泄漏，阀门应开关灵活；
（2）采油树上应安装与工作压力相匹配的压力表、温度计，且工作正常灵敏。

2.3.2.2 井下技术状况

注汽井筒节能测试对井下技术状况主要有以下要求：
（1）注蒸汽井生产连续、稳定，生产情况清楚，基本数据符合 SYT 5600—2016《石油电缆测井作业技术规范》相关要求。
（2）油管与套管结构数据齐全、准确，油管底部应在射孔顶界 10m 以上装喇叭口，其开口端的内径应大于所用油管的内径，并具备测试仪器顺利提起与放下的条件。
（3）测试前应用与套管内径相适应的标准通井规通井，通井规的下入深度应在射孔底界 10m 以下。

2.3.2.3 测试负责人与测试人员要求

注汽井筒节能测试对测试负责人与测试人员主要有以下要求：
（1）测试负责人应由熟悉标准并有测试经验的专业人员担任，并了解被测井筒的工艺及运行状况，认真做好测试方案的编写工作。
（2）测试负责人应负责测试任务分工，监督测试人员执行相应的标准规范以及监测工作程序的执行情况等。

(3)测试人员应掌握相关测试标准,具备相关专业知识能力,且培训考核合格,持证上岗。

(4)测试人员应负责正确选用、使用测试仪器设备,并根据测试方案开展现场测试,根据测试任务分工做好测试准备(记录、仪器、资料等)。

(5)测试人员应对测试环境进行观察、记录,服从测试负责人的安排,按时、按质、按量完成测试任务,负责测试中的安全检查,发现隐患应及时报告测试负责人。

2.3.2.4 健康、安全、环境控制要求

注汽井筒节能测试对健康、安全、环境控制主要有以下要求:

(1)防喷管、录井钢丝、电缆、仪器仪表应满足测试工况要求。

(2)测试施工人员应穿戴防烫伤的工作服、手套、工作鞋及防护眼镜。

(3)对含硫化氢(H_2S)等有毒有害流体的井作业时,施工单位应按 SY/T 6610—2017《硫化氢环境井下作业场所作业安全规范》中的规定,配备相应的监测报警仪及防护装置,并制订相应的应急预案。

(4)测试施工过程中应不关闭测试阀门。

(5)要求测试作业车辆按照指定路线行驶,不应违规扩大道路、乱开便道和随意碾压植被。

(6)对测试作业全过程采取防污染措施,并在作业中严格落实;施工作业单位对废弃物应回收,不应乱排乱放;施工作业结束后,要做到"工完料尽场地清"。

2.3.3 主要测试参数

注汽井筒主要有以下测试参数:
(1)蒸汽温度;

（2）蒸汽压力；
（3）蒸汽流量；
（4）蒸汽干度。

2.3.4　测试方法

注汽井筒节能测试方法包括测试前准备、测点布置和测试步骤。

2.3.4.1　测试前准备

注汽井筒节能测试前主要有以下准备：

（1）用户应在测试前，将数据齐全、准确的测试通知单交测试施工单位，格式符合 SY/T 5600—2016《石油电缆测井作业技术规范》的要求。

（2）测试施工单位核实测试通知单的内容，落实井号、井况并设计测试施工方案。

（3）按照测试施工方案要求准备好下井仪器，并对地面仪器和下井仪器进行检查，确保仪器达到测试施工技术要求。

（4）准备好测试工具、辅助设备和消耗材料。

（5）下井仪器组件齐全，连接紧密，组合完整。

（6）地面计算机系统和下井仪器检定合格。

（7）测试绞车系统运转灵活，深度指示表与指重表工作正常，液压系统与刹车系统动作灵敏、收放自如。

（8）检查井控设备状况符合设计要求，井控设备应符合 SY/T 5600—2016《石油电缆测井作业技术规范》的要求。

2.3.4.2　测点布置

各类稠油注汽井筒大体结构基本类似，测点布置如图 2.17 所示。

直井　水平井

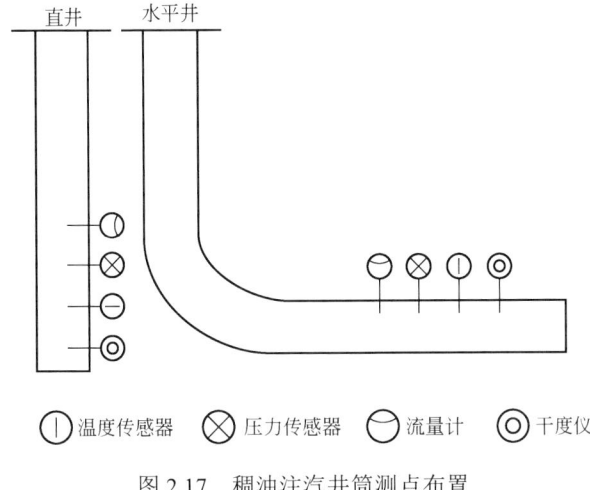

① 温度传感器　⊗ 压力传感器　◯ 流量计　◎ 干度仪

图 2.17　稠油注汽井筒测点布置

2.3.4.3　测试步骤

注汽井筒主要测试参数为蒸汽的温度、压力、流量、干度，常用的测试方法主要有存储式和直读式高温测试两种方法。存储式高温测试即下井仪器测量的井下测试参数直接存储在井下存储器中的测试方法，而直读式高温测试即下井仪器测量的井下测试参数通过电缆传输至地面的直接测试方法，下面主要介绍这两种测试方法的操作步骤。

（1）存储式高温测试步骤：

① 测试前准备：

（a）安装天滑轮时，应保证在施工过程中天滑轮始终对准测试井口，天滑轮的高度及位置固定后不能改变。

（b）用配套工具将高温防喷管安装在井口上，测试车摆放应充分考虑风向，防喷阀门应处于下风口，测试车尾端到井口距离应符合不同测试项目要求，测试车与井口之间应保证视线良好。

（c）检查密封头内的密封圈，确保达到密封要求。

（d）注蒸汽井使用专用井口防喷管，额定工作压力不小于井口最高压力的 1.5 倍，耐温大于井口蒸汽温度，防喷管连接牢固，蒸汽不泄漏。

② 测试仪器设置：

（a）连接计算机与仪器，把测试参数采集指令传至仪器。

（b）校验无误后，组装密封仪器。

③ 参数测试：

（a）将仪器与绳帽连接并拧紧装入防喷管，将防喷管密封头、密封圈拧紧，将防喷阀门关闭。

（b）绞车深度表对零。

（c）缓慢开启测试阀门，当蒸汽开始进入防喷管时，停止开启阀门，使蒸汽逐渐进入防喷管，直到防喷管压力与井筒内压力达到平衡；继续开启阀门，直至阀门全部打开。

（d）按测试施工方案，下放测试仪器，参数测试速度低于 400m/h，定点测试停点时间不少于 5min。

（e）下放测试参数结束后，用手动方式转动绞车滚筒，上提仪器至喇叭口以上，启动测试车动力系统，上提仪器。

（f）测试仪器通过喇叭口后，上提速度应低于 400m/h。

（g）测试流量时，分别选用不同上提测速（300m/h，400m/h，500m/h，…，1000m/h），测试 3~5 次流量。

（h）上提仪器时严密监测指重表变化，当测试仪距井口 30 m 时，绞车动力改为人力牵引。

（i）测试仪器进入防喷管后，慢关测试阀门至 2/3，然后下放仪器探测阀门，确认仪器在防喷管内后，关闭阀门。

（j）开启防喷管的放空阀门，将防喷管内蒸汽放空。

（k）打开密封头，取出仪器，卸下仪器绳帽。

④ 数据回放：

（a）仪器与计算机连接，回放检查测试数据。

（b）将回放数据存盘，退出测试软件，关闭计算机。

（2）直读式高温测试步骤：

① 测试前准备：

（a）测试车应停靠在井场的上风向，风力大于四级时，应用绷绳加固防喷管；风力大于六级时，应降落井架暂停施工。

（b）测井车尾部应对准井口清蜡阀门。

（c）支地脚千斤应使测井车前后水平，升起测井支架并牢固保险钢丝绳。

（d）把配好的下井仪器平稳地放入防喷管内，上紧密封盒。

（e）下井前应将深度表置于"零"，计算机置于正常工作状态。

② 参数测试：

（a）打开氮气瓶阀门，使防喷管压力大于井口注汽压力。

（b）缓慢打开测试阀门，使井筒压力对防喷管增压，直到井筒的压力与防喷管内压力相平衡，再开启全部测井阀门。

（c）缓慢匀速下放电缆，其最大速度不得超过 400m/h。

（d）下放电缆过程中，应用地面计算机监视井下仪器运行和工作状况。

（e）实测注蒸汽井井筒的温度和压力值，测试点根据需要选定，测量的井筒各点温度和压力资料存入计算机内。

（f）测吸汽剖面的测井仪应装配涡轮流量计，将测井仪下至射孔井段底界以下 10～15m 处；在测试仪器提取过程中，分别选用不同上升测速（300m/h，400m/h，500m/h，…，1000m/h）测出不同测速下的流量值，并从中挑出 3～5 组重复性好的流量值。

（g）测试结束后，上提测井仪的速度为 300～400m/h，距井口 30m 处减速至 50～100m/h，使测井仪安全进入防喷管内，关闭测试阀门并放空，取出测试仪器；将完整资料存入计算机磁盘内，关闭记录仪。

2.3.5 监测报告

报告格式应符合标准《节能监测报告编写规范》。报告内容主要由封面、声明页、签署页、正文及附件五部分组成。

（1）报告封面：
① 报告名称；
② 报告编号；
③ 监测设备；
④ 被测单位；
⑤ 监测单位；
⑥ 报告日期；
⑦ 资质印章；
⑧ 监测单位公章或检查检验专用章。
（2）签署页：
① 参加测试人员；
② 编写人；
③ 审核人；
④ 签发人；
⑤ 签发日期。
（3）报告正文：
① 报告名称；
② 概述；
③ 监测依据；
④ 使用仪器仪表；
⑤ 检查内容；
⑥ 测试内容；
⑦ 测试结果；
⑧ 分析评价；
⑨ 改进建议。
（4）报告附件：
① 监测结果数据表格；
② 简图及相关说明。

2.3.6 主要参数测试方法

注汽井筒主要测试参数包括蒸汽的温度、压力、流量、干度。

2.3.6.1 温度

目前主要采用热电偶和光纤测量注汽井温度，下面以光纤为例介绍注汽井蒸汽温度测试方法。

（1）测温原理：如图 2.18 所示，光源向光纤发射一个激光脉冲，当其沿着光纤穿行时，由光纤表面温度变化产生一个带温度信息的反射信号，顺着感测光纤返回；利用激光探测器对这个反射信号处理后测定温度；同时比较光脉冲的发射时间和反射光的到达时间，由此可确定待测点的位置；返程光的幅度随测量点处温度的变化而变化；通过设备的高速信号处理器，分析处理信号的变化幅度，从而记录沿整个光纤方向每米处的温度分布。

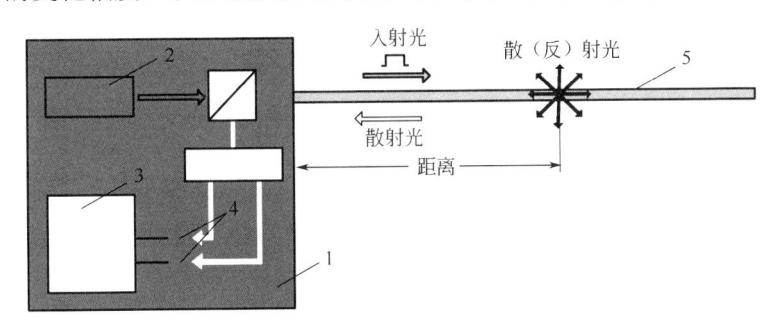

图 2.18　光纤测温原理

1—主处理器；2—激光二极管；3—信号处理回路；4—检光器；5—光纤

（2）使用方法：
① 布置好现场设备。
② 铺设好感温光纤。
③ 将光纤伸入注汽井筒内。
④ 开始测温。

（3）注意事项：

① 光纤以及连接器对信号的衰减问题。应尽量减少连接器的数量，采用布喇格光纤光栅传感器，并改进连接器的性能。

② 光纤传感器井下安装时容易损坏。应配备熟练工人，光纤传感器需设置外部保护层，应设法减小应力（包括射孔和温度引起的应力）。

2.3.6.2 压力

目前主要用毛细管和光纤测量注汽井压力，下面介绍这两种手段的具体测量方法。

（1）毛细管测压。

① 测压原理：如图 2.19 所示，高压氮气通过井口控制装置、毛细管进入井下传压筒，使其充满氮气；当氮气压力与油层压力平衡时，这一平衡力将通过毛细管传到地面压力传感器，传感器输出信号到数据采集系统；经过计算、深度补偿修正得到标准压力值，然后显示、记录、存储，实现压力实时监控与数据网上共享。

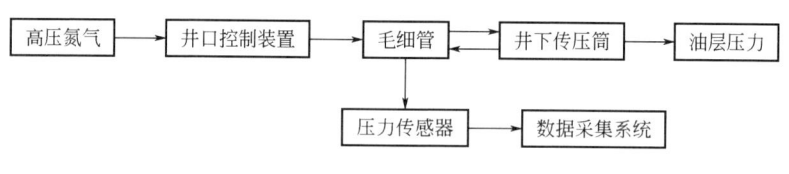

高压氮气 → 井口控制装置 → 毛细管 ⇄ 井下传压筒 → 油层压力

毛细管 → 压力传感器 → 数据采集系统

图 2.19 毛细管测压原理

② 使用方法：

（a）首先用氮气置换空气，确认毛细管无堵塞现象，并在 20.684MPa 下试压，确认无泄漏现象。

（b）将毛细管与氮气筒连接，充氮气，并用检漏剂检查连接是否严密，确认传压筒无堵塞现象。

（c）毛细管下井后，当电缆和毛细管同时下井时，要求每两根油管必须打毛细管专用卡箍固定；毛细管单独下井时，要求每根油管必须打毛细管专用卡箍。在下井过程中，包括安装电潜泵

2 稠油注汽系统节能监测方法

期间，必须使毛细管处于拉紧状态，避免毛细管下坠或缠绕。

（d）每下100m，观察回压，若为零，充气2～3min；反之，则判断传压筒已进入液面以下。

（e）传压筒进入液面以下后，需要对传压筒补充氮气，表2.8为补氮时间间隔数据表（若安装有定向定压打开装置，则不需要补氮）。

（f）在每次充氮气前，要记录回压值。如出现压力突然下降，则判断为毛细管损坏，根据回压值，判断损坏位置，重新安装毛细管，直至正常下入。

（g）下入毛细管管线到井口时，割断毛细管，做毛细管的穿透密封，并连接至地面测压系统。

（h）在开井以前，测试放气曲线，只有其合格后，才能证明毛细管安装合格。

表2.8 补氮时间间隔数据表

编号	间距，m	充气压力，MPa	时间，min
1	100		
2	100		3～5
3	100		
4	200		
5	300	20.684	
6	400		
7	500		5～8
8	500		
…	500		
结束	—		

注：若氮气出口压力小于19.305MPa，则充气时间要适当延长。

③ 注意事项：

（a）在切断毛细管时，注意其断口不要对着他人和自己，防止气体喷伤作业人员。

（b）下入生产管柱过程中，注意下入速度不能过快，以免井下毛细管的碰撞、磨损造成泄漏，导致作业失败且失去测压作用。

（c）下入生产管柱过程中，注意要给毛细管一定的预紧力，防止毛细管在井下下坠或产生缠绕而打结。

（d）下入生产管柱过程中，毛细管作业人员要与其他作业人员相互协调、沟通，以免发生毛细管拉断等意外事故。

（e）井下各连接处均应采用检漏剂检验，确认对接、连接密封可靠后再下入。

（2）光纤测压。

① 测压原理：光纤压力传感器采用非本征型法布里腔结构，通过特殊的微加工技术，将两根光纤与毛细管热熔接在一起，光纤端面与空气隙形成法布里—珀罗腔。基于波动光学中平行平面反射镜间的多光束干涉，利用光纤法布里—珀罗干涉仪，感知和测量外界压力对微小腔长变化的敏感性影响。

② 使用方法：

（a）架起光缆盘。

（b）安装井口吊装滑轮。

（c）安装传感器托筒。

（d）在托筒上安装传感器。

（e）安装光缆卡子。

（f）对安装到托筒上的传感器进行信号检查。

（g）重复安装油管，在接箍处打光缆卡子。

（h）封隔器穿越。

（i）井口穿越。

（j）续接地面光缆。

（k）安装与调试地面设备仪器。

③ 注意事项：

（a）考虑到光纤与连接器对信号的衰减问题，应尽量减少连接器的数量，采用布喇格光纤光栅传感器，并改进连接器的性能。

（b）井下安装时光纤传感器容易损坏，应配备熟练工人，光纤传感器需设置外部保护层，应设法减小应力（包括射孔和温度引起的应力）。

2.3.6.3 流量

目前注汽井常用涡轮流量计测量井筒内蒸汽流量。下面以涡轮流量计为例，介绍其对注汽井蒸汽温度的测试方法。

（1）工作原理：在管道中安装一个自由转动、轴与管道同心的叶轮。当被测流体流过时，在流体作用下，叶轮受力旋转，其转速与管道平均流速成正比，叶轮的转动将周期地改变磁电转换器的磁阻值。检测线圈中磁通是随之发生周期性变化，产生周期性的感应电势，即电脉冲信号，经放大器放大后，送至显示仪表显示。

（2）使用方法：
① 检查涡轮流量计的电源线和信号线是否安装正确。
② 确保计数器正确旋转，接通流量计算机电源。
③ 启动涡轮流量计。
④ 测试结束后，关闭涡轮流量计。

（3）注意事项：
① 轴承与轴之间的摩擦导致磨损，使仪表的准确度下降。
② 要求被测介质洁净，减少对轴承的磨损，并防止涡轮被卡住，应在变送器前加过滤装置。
③ 流量计受来流流速分布畸变和旋转流的影响较大，故不适于脉动流和混相流的测量。
④ DN50mm 以下的小口径仪表的流量特性受物性影响严重，故小口径的仪表性能难以提高。
⑤ 难以长期保持校准特性，需要定期检定。

2.3.6.4 干度

目前注汽井筒常用的干度测量方法如下：

（1）理论推算：干度通过测量的温度、压力再加上其他估计的热损失参数进行理论推算。在此推算过程中，温度、压力通过井下仪器测定，用所建热损失模型估算系统热损失。通过锅炉出口干度逐步推算，用来预测地层吸热量和其他研究。

由于干度的推算还受地面环境温度、风力等因素的影响，到达井口的干度已经不准，加上环空液的变化、隔热管的老化等，以及套管外水泥环及地层环境的变化，到达井底的实际干度值和推算值存在较大的差异。

（2）取样化验：可通过井筒内取样并分析化验测定干度。可一次对井筒一点进行取样。井口操作，密封运输、冷却、化验等环节会造成测试成功率大大降低。因此，该方法在评价流体热损失方面能够提供依据，但在评价吸汽剖面吸热量计算上没有意义。目前还有光纤测量技术，也是固定点测，成本高、随油管一起下、可实现实时直读。

（3）井下干度仪测量步骤：

① 通井确认井况合适后，检测仪器是否工作正常；

② 从井口开始,根据井深以 20m 或 50m 的间隔定点与测量；

③ 在吸汽层中间和层间点测；

④ 上提测量全井段温度与压力剖面曲线。

3 稠油注汽系统节能评价方法

在稠油注汽系统节能监测的基础上，通过对注汽系统各环节的节能评价，查找影响注汽系统用能水平的主要因素，确定节能管理关键点，为稠油注汽系统进行技术改造、减少系统热损失提供技术支持，从而达到挖掘节能潜力、降本增效的目的。本章将主要介绍常用注汽锅炉、注汽管道与注汽井筒主要节能评价参数的计算方法、测试评价指标、节能评价方法，为稠油注汽系统能耗分析提供评价数据。

3.1 注汽锅炉节能评价

注汽锅炉节能评价主要包括直流注汽锅炉、循环流化床锅炉、链条炉排锅炉的节能测试评价。

3.1.1 直流锅炉节能评价

直流锅炉节能监测评价依据 SY/T 6835—2017《油田热采注汽系统节能监测规范》进行，下面主要介绍直流锅炉节能评价参数的计算方法、评价指标和监测结果评价。

3.1.1.1 节能评价参数计算

直流锅炉的节能评价参数主要包括热效率、过量空气系数、炉体环表温差和排烟温度。直流锅炉正平衡热效率、反平衡热效率的计算按 GB/T 10180—2017《工业锅炉热工性能试验规程》的规定执行，详见附录 A。下面主要介绍直流锅炉热效率和过量空气系数的计算方法。

（1）平均热效率：

$$\eta_{1,2} = \frac{(\eta_1 + \eta_2)}{2} \qquad (3.1)$$

式中 $\eta_{1,2}$ ——平均热效率,用百分数表示;
η_1 ——正平衡热效率,用百分数表示;
η_2 ——反平衡热效率,用百分数表示。

(2) 正平衡热效率:
① 饱和蒸汽锅炉:

$$\eta_1 = \frac{D_{gs}\left(h_{bq} - h_{gs} - \dfrac{\gamma\omega}{100}\right) - G_s\gamma}{BQ_r} \times 100\% \qquad (3.2)$$

式中 D_{gs} ——蒸汽锅炉给水流量,kg/h;
h_{bq} ——饱和蒸汽焓,kJ/kg;
h_{gs} ——蒸汽锅炉给水焓,kJ/kg;
ω ——蒸汽湿度,用百分数表示;
γ ——汽化潜热,kJ/kg;
B ——燃料消耗量,kg/h 或 m³/h;
Q_r ——输入热量,kJ/kg 或 kJ/m³;
G_s ——锅水取样量,kg/h。

② 过热蒸汽锅炉:

$$\eta_1 = \frac{D_{gs}(h_{gq} - h_{gs}) - G_s\gamma}{BQ_r} \times 100\% \qquad (3.3)$$

式中 h_{gq} ——过热蒸汽焓,kJ/kg。

其余符号意义及单位同式(3.1)和式(3.2),详细信息见表 A.1。

(3) 反平衡热效率:

$$\eta_2 = 100\% - \sum q \qquad (3.4)$$

3 稠油注汽系统节能评价方法

$$\sum q = q_2 + q_3 + q_4 + q_5 + q_6 \quad (3.5)$$

式中 $\sum q$ ——热损失之和，用百分数表示；

q_2 ——排烟热损失，用百分数表示；

q_3 ——气体未完全燃烧热损失，用百分数表示；

q_4 ——固体未完全燃烧热损失，用百分数表示；

q_5 ——散热损失，用百分数表示；

q_6 ——灰渣物理热损失，用百分数表示。

（4）过量空气系数：

① 燃油锅炉：

$$\alpha_{py} = \cfrac{21}{21 - 79 \times \cfrac{O_2' - (0.5CO' + 0.5H_2' + 2C_mH_n')}{100 - (RO_2' + O_2' + CO' + H_2' + C_mH_n')}} \quad (3.6)$$

式中 α_{py} ——过量空气系数；

O_2' ——排烟处 O_2，用百分数表示；

H_2' ——排烟处 H_2，用百分数表示；

C_mH_n' ——排烟处 C_mH_n，用百分数表示；

RO_2' ——排烟处 RO_2（即 $CO_2 + SO_2$），用百分数表示；

CO' ——排烟处 CO，用百分数表示。

② 燃气锅炉：

$$\alpha_{py} = \cfrac{21}{21 - 79 \times \cfrac{O_2' - (0.5CO' + 0.5H_2' + 2CH_4')}{N_2' - \cfrac{N_2(RO_2' + CO' + CH_4')}{CO_2 + CO + \sum mC_mH_n + H_2S}}} \quad (3.7)$$

式中 N_2' ——排烟处 N_2，用百分数表示；

N_2 ——燃气收到基 N_2，用百分数表示；

CO_2 ——燃气收到基 CO_2，用百分数表示；

CO ——燃气收到基 CO，用百分数表示；

$\sum mC_mH_n$——燃气收到基不饱和烃,用百分数表示;
H_2S——燃气收到基 H_2S,用百分数表示。

3.1.1.2 节能评价指标

直流注汽锅炉节能监测评价指标依据 SY/T 6835—2017《油田热采注汽系统节能监测规范》执行,主要包括热效率、排烟温度、空气系数和炉体环表温差。又分为燃气与燃油饱和直流注汽锅炉、燃气过热直流注汽锅炉,它们各自的节能监测项目及指标要求见表 3.1、表 3.2 和表 3.3。

表 3.1 燃气饱和直流注汽锅炉节能监测项目及指标要求

监测项目	评价指标	$D<20$	$20 \leqslant D<50$	$D \geqslant 50$
热效率,%	节能监测限定值	≥86.0	≥86.0	≥87.0
	节能监测节能评价值	≥88.0	≥89.0	≥90.0
排烟温度,℃	节能监测限定值	≤195	≤195	≤195
	节能监测节能评价值	≤170	≤170	≤180
空气系数	节能监测限定值	≤1.35	≤1.36	≤1.34
	节能监测节能评价值	≤1.22	≤1.20	≤1.25
炉体环表温差,℃	节能监测限定值	室内:≤35℃,室外:≤25℃		

注:本表中 D 为直流注汽锅炉的额定蒸发量,单位为吨每小时(t/h)。

表 3.2 燃油饱和直流注汽锅炉节能监测项目及指标要求

监测项目	评价指标	$D<20$	$20 \leqslant D<50$	$D \geqslant 50$
热效率,%	节能监测限定值	≥84.0	≥84.0	≥84.0
	节能监测节能评价值	≥86.0	≥86.0	≥86.0
排烟温度,℃	节能监测限定值	≤245	≤245	≤240
	节能监测节能评价值	≤210	≤215	≤225
空气系数	节能监测限定值	≤1.36	≤1.36	≤1.43
	节能监测节能评价值	≤1.22	≤1.23	≤1.32
炉体环表温差,℃	节能监测限定值	室内:≤35℃,室外:≤25℃		

注:本表中 D 为直流注汽锅炉的额定蒸发量,单位为吨每小时(t/h)。

3 稠油注汽系统节能评价方法

表 3.3　燃气过热直流注汽锅炉节能监测项目及指标要求

监测项目	评价指标	20≤D＜50
热效率，%	节能监测限定值	≥91.0
	节能监测节能评价值	≥93.0
排烟温度，℃	节能监测限定值	≤150
	节能监测节能评价值	≤120
空气系数	节能监测限定值	≤1.31
	节能监测节能评价值	≤1.21
炉体环表温差，℃	节能监测限定值	室内：≤35℃，室外：≤25℃

注：本表中 D 为直流注汽锅炉的额定蒸发量，单位为吨每小时（t/h）。

3.1.1.3　节能监测结果评价

根据直流注汽锅炉节能监测结果及节能监测评价指标，可对直流注汽锅炉进行节能监测评价。

（1）上述直流注汽锅炉节能监测项目评价指标的节能监测限定值为其合格指标，节能监测节能评价值为其节能运行状态指标。监测单位应据此进行合格与不合格以及节能状态与非节能状态评价，并出具节能监测报告。监测单位在节能监测报告中应对被监测对象的能耗状况进行分析评价，并提出改进建议。

（2）当全部监测项目同时达到节能监测限定值时，判定该直流注汽锅炉为"节能监测合格设备"。在此基础上，热效率、排烟温度、空气系数同时达到节能监测节能评价值时，判定该直流注汽锅炉为"节能监测节能运行设备"。

3.1.2　循环流化床锅炉节能评价

循环流化床锅炉节能监测评价可参考 GB/T 15317—2009《燃煤工业锅炉节能监测》进行，下面主要介绍循环流化床锅炉节能监测评价参数的计算方法、评价指标和监测结果评价。

3.1.2.1 节能评价参数计算

循环流化床锅炉的节能评价参数主要包括热效率、排烟温度、过量空气系数、飞灰可燃物含量和炉体表面温度。循环流化床锅炉正平衡热效率、反平衡热效率的计算按 DL/T 964—2005《循环流化床锅炉性能试验规程》的规定执行，下面主要介绍循环流化床锅炉热效率和过量空气系数的计算方法。

（1）平均热效率按式（3.1）计算。

（2）正平衡热效率：

$$\eta_1 = \frac{Q_1}{Q_r} \times 100\% \qquad (3.8)$$

式中　η_1——锅炉正平衡热效率，用百分数表示。

　　　Q_1——输出热量，kJ/kg；

　　　Q_r——输入热量，kJ/kg。

① 输入热量的计算：

$$Q_r = Q_{DW}^y + Q_{rx} + Q_{wl} + \sum Q_{fj} \qquad (3.9)$$

式中　Q_{DW}^y——燃料应用基低位发热量，kJ/kg；

　　　Q_{rx}——燃料的物理显热，kJ/kg；

　　　Q_{wl}——其他外来热源带入锅炉系统内的热量，kJ/kg；

　　　$\sum Q_{fj}$——系统内主要辅机（一、二次风机，高压流化风机等）的电耗当量热量，kJ/kg。

② 输出热量的计算：

$$\begin{aligned} Q_1 = & \frac{1}{B} \times \left[D_{gq}\left(h_{gq} - h_{gs}\right) + D'_{zq}\left(h''_{zq} - h'_{zq}\right) + D_{zj}\left(h''_{zq} - h_{zj}\right) \right] + \\ & \frac{1}{B} \times \left[D_{bq}\left(h_{bq} - h_{gs}\right) + D_{ps}\left(h_{bs} - h_{gs}\right) + D_{lzn}\left(h''_{lzn} - h'_{lzn}\right) \right] \end{aligned} \qquad (3.10)$$

式中　B——燃料消耗量，kg/h；

　　　D_{gq}——主蒸汽流量，kg/h；

h_{gq} —— 主蒸汽焓，kJ/kg；

h_{gs} —— 给水焓，kJ/kg；

D'_{zq} —— 再热器入口蒸汽流量，kg/h；

h'_{zq} —— 再热器进口蒸汽焓，kJ/kg；

h''_{zq} —— 再热器出口蒸汽焓，kJ/kg；

D_{zj} —— 再热器减温水流量，kg/h；

h_{zj} —— 再热器减温水焓，kJ/kg；

D_{bq} —— 饱和蒸汽抽出量，kg/h；

h_{bs} —— 饱和水蒸汽焓，kJ/kg；

h_{bq} —— 饱和蒸汽焓，kJ/kg；

D_{ps} —— 排污水流量，kg/h；

D_{lzn} —— 冷渣器划归系统内冷却水流量，kg/h；

h''_{lzn} —— 冷渣器划归系统内冷却水出口焓，kJ/kg；

h'_{lzn} —— 冷渣器划归系统内冷却水进口焓，kJ/kg。

（3）反平衡热效率：

$$\eta_2 = 100\% - (q_2 + q_3 + q_4 + q_5 + q_6 + q_7) \quad (3.11)$$

式中 η_2 —— 反平衡热效率；

q_2 —— 排烟热损失百分率，用百分数表示；

q_3 —— 可燃气体未完全燃烧热损失百分率，用百分数表示；

q_4 —— 固体未完全燃烧热损失百分率，用百分数表示；

q_5 —— 锅炉散热损失百分率，用百分数表示；

q_6 —— 灰渣物理显热损失百分率，用百分数表示；

q_7 —— 石灰石脱硫热损失百分率，用百分数表示。

（4）过量空气系数按式（3.6）计算。

3.1.2.2 节能评价指标

循环流化床锅炉节能监测评价指标参考 GB/T 15317—2009

《燃煤工业锅炉节能监测》执行，主要包括热效率、排烟温度、空气系数、飞灰可燃物含量和表面温度，见表 3.4。

表 3.4 循环流化床锅炉节能监测考核指标

热效率，%	排烟温度，℃	空气系数	飞灰可燃物含量，%	炉体表面温度，℃
≥86	≤140	≤1.4	≤10	≤50

3.1.2.3 节能监测结果评价

根据循环流化床锅炉节能监测结果及节能监测评价指标，可对循环流化床锅炉进行节能监测评价：

（1）循环流化床锅炉节能监测检查项目和节能监测考核指标是循环流化床锅炉监测合格的最低标准，监测机构应以此进行合格与不合格的评价，全部监测指标均合格方可认为节能监测结果合格。

（2）对于监测不合格者，监测机构应做出能源浪费程度的评价报告，并提出改进建议。

3.1.3 链条炉排锅炉节能评价

链条炉排锅炉节能监测评价参考 GB/T 15317—2009《燃煤工业锅炉节能监测》进行，下面主要介绍链条炉排锅炉的节能评价参数的计算方法、评价指标和监测结果评价。

3.1.3.1 节能评价参数计算

链条炉排锅炉的节能评价参数主要包括热效率、排烟温度、过量空气系数、炉渣含炭量和炉体表面温度，链条炉排锅炉的正平衡热效率、反平衡热效率的计算按 GB/T 10180—2017《工业锅炉热工性能试验规程》的规定执行，详见附录 A。下面主要介绍热效率和过量空气系数的计算方法。

3 稠油注汽系统节能评价方法

(1) 平均热效率按式 (3.1) 计算。
(2) 正平衡热效率:
① 饱和蒸汽锅炉:

$$\eta_1 = \frac{D_{gs}\left(h_{bq} - h_{gs} - \dfrac{\gamma\omega}{100}\right)}{BQ_r} \times 100\% \quad (3.12)$$

式中 η_1——锅炉正平衡热效率，用百分数表示;
D_{gs}——蒸汽锅炉给水流量，kg/h;
h_{bp}——饱和蒸汽焓，kJ/kg;
h_{gs}——蒸汽锅炉给水焓，kJ/kg;
ω——蒸汽湿度，%;
γ——汽化潜热，kJ/kg;
B——燃料消耗量，kg/h;
Q_r——输入热量，kJ/kg。

② 过热蒸汽锅炉:

$$\eta_1 = \frac{D_{gs}(h_{bq} - h_{gs} - G_s\gamma)}{BQ_r} \times 100\% \quad (3.13)$$

式中 G_s——锅水取样量，kg/h。
其余符号意义同式 (3.12)。
(3) 反平衡热效率由式 (3.4) 与式 (3.5) 计算。
(4) 过量空气系数按式 (3.6) 计算。

3.1.3.2 节能评价指标

链条炉排锅炉节能监测评价指标可参考 GB/T 15317—2009《燃煤工业锅炉节能监测》执行，包括热效率、排烟温度、空气系数、炉渣含炭量和炉体表面温度，见表 3.5，其中，锅炉炉体外表面侧面温度应不大于 50℃，锅炉炉顶表面温度应不大于 70℃。

表 3.5　燃煤锅炉热效率考核指标

额定热功率 $Q/$ (MW) [或蒸发量 $D/$ (GJ/h)]	热效率 %	排烟温度 ℃	排烟处的 空气系数	允许炉渣 含炭量 %
$0.7 \leq Q < 1.4$ ($2.5 \leq D < 5$)	≥65	≤230	≤2.2	≤15
$1.4 \leq Q < 2.8$ ($5 \leq D < 10$)	≥68	≤200	≤2.2	≤15
$2.8 \leq Q < 4.2$ ($10 \leq D < 15$)	≥70	≤180	≤2.2	≤15
$4.2 \leq Q < 7$ ($15 \leq D < 25$)	≥73	≤170	≤2.0	≤12
$7 \leq Q < 14$ ($25 \leq D < 50$)	≥76	—	—	—
$Q \geq 14$ ($D \geq 50$)	≥78	≤150	≤2.0	≤12

注：① 燃用无烟煤时，允许炉渣含碳量考核指标可放宽 20%。
　　② 源自 GB/T 15317—2009《燃煤工业锅炉节能监测》。

3.1.3.3　节能监测结果评价

根据链条炉排锅炉节能监测结果及节能监测评价指标，可对链条炉排锅炉进行节能监测评价：

（1）链条炉排锅炉的节能监测检查项目和测试项目考核指标是链条炉排锅炉监测合格的最低标准，监测机构应以此进行合格与不合格的评价，全部监测指标均合格方可认为节能监测结果合格。

（2）对于监测不合格者，监测机构应做出能源浪费程度的评价报告，并提出改进建议。

3.2　注汽管道节能评价

注汽管道节能监测评价依据 GB/T 15910—2009《热力输送系

统节能监测》、GB/T 8174—2008《设备及管道绝热效果的测试与评价》、SY/T 6835—2017《油田热采注汽系统节能监测规范》进行，在此主要介绍注汽管道节能评价参数的计算方法、评价指标和监测结果评价。

3.2.1 节能评价参数计算

注汽管道的节能评价参数主要包括管道环表温差、疏水阀漏汽率和注汽井口表面温度，各节能评价参数的计算按 GB/T 15910—2009《热力输送系统节能监测》、SY/T 6835—2017《油田热采注汽系统节能监测规范》的规定执行，注汽管道散热损失的计算按 GB/T 17357—2008《设备及管道绝热层表面热损失现场测定 热流计法和表面温度法》的规定执行。下面主要介绍注汽管网热损失率、注汽管道表面散热热流密度、注汽管道散热损失和疏水阀漏气率的计算方法。

3.2.1.1 注汽管网热损失率

注汽管网热损失率按式（3.14）计算：

$$\eta_{gw} = \frac{\sum_{i=1}^{n} D_{gsi} h_{sci} - \sum_{j=1}^{m} D_{jkj} H_{jkj}}{\sum_{i=1}^{n} D_{gsi} h_{sci}} \times 100\% \quad （3.14）$$

$$\eta'_{gw} = 1 - \eta_{gw} \quad （3.15）$$

式中 η'_{gw} ——注汽管网反平衡热效率，用百分数表示；

η_{gw} ——注汽管网热损失率，用百分数表示；

D_{gsi} ——第 i 台注汽锅炉给水流量，kg/h；

D_{jkj} ——第 j 口注汽井井口注蒸汽量，kg/h；

h_{sci} ——第 i 台注汽锅炉输出蒸汽焓，kJ/kg；

h_{jkj} ——第 j 口注汽井井口蒸汽焓，kJ/kg；

m——注汽井数量，口；
n——注汽锅炉数量，台。

3.2.1.2 表面散热热流密度

可通过热流计法、表面温度法测试计算出注汽管道表面散热的热流密度，在此介绍表面温度法的计算方法。

根据所测表面温度、环境温度、风速、表面热发射率以及绝热结构外形尺寸等参数值，按式（3.16）计算热流密度。

$$q = \alpha (T_W - T_F) \qquad (3.16)$$

式中 q——热流密度，W/m²；
     α——总放热系数，W/(m²·K)，计算方法见附录 D；
     T_W——表面温度，K；
     T_F——环境温度，K。

3.2.1.3 注汽管道散热损失

注汽管道及其附件的散热损失如为常年运行工况，应将测试数值换算成当地年平均温度条件下的相应值；若为季节运行工况，则应换算成当地运行期平均温度条件下的相应值，按式（3.17）换算：

$$q = q' \frac{T_1 - T_m}{T_1' - T_m'} \qquad (3.17)$$

式中 q——换算后的散热损失，W/m²；
     q'——测试的散热损失，W/m²；
     T_1——注汽管道及其附件的年（或当地运行期）平均外表面温度，K；
     T_1'——测试时的注汽管道及其附件的外表面温度，K；
     T_m——当地年（或当地运行期）平均环境温度，K；
     T_m'——测试时的环境温度，K。

3.2.1.4 疏水阀漏汽率

把通过疏水阀的凝结水和泄漏蒸汽的混合物排入盛有冷水的计量桶中，测出其混合物焓值，用热平衡法计算疏水阀漏汽率，见式（3.18）：

$$\Delta_1 = \frac{D_q}{D_s} = \frac{i - i_s}{i_{bq} - i} \times 100\% \qquad (3.18)$$

式中　Δ_1——疏水阀漏汽率，用百分数表示；
　　　D_q——疏水阀在测试期内的漏汽量，kg/s；
　　　D_s——疏水阀在测试期内的排水量，kg/s；
　　　i——汽水混合物的焓值，kJ/kg；
　　　i_{bp}——疏水阀前压力下饱和蒸汽的焓值，kJ/kg；
　　　i_s——疏水阀内凝结水的焓值（由阀前蒸汽压力和凝结水的温度确定），kJ/kg。

3.2.2 节能评价指标

注汽管道节能监测评价指标有依据 GB/T 15910—2009《热力输送系统节能监测》、GB/T 8174—2008《设备及管道绝热效果的测试与评价》执行，主要有注汽管道环表温差、疏水阀漏汽率、注汽井口表面温度和管道保温后允许最大散热损失指标。

3.2.2.1 注汽管道环表温差

固定式敷设的注汽管道环表温差节能监测指标要求见表 3.6，其他介质温度下的节能监测指标，应根据测试环境下的风速范围按表 3.6 中的数值线性插值确定。

活动式敷设的注汽管道环表温差节能监测指标要求见表 3.7，其他介质温度下的节能监测指标，应根据测试环境下的风速范围按表 3.7 中的数值线性插值确定。

表 3.6 蒸汽输送固定管道环表温差节能监测指标要求

测点附近风速 ω m/s	不同管道内介质温度，℃									
	200	250	300	350	400	200	250	300	350	400
	节能监测节能评价值					节能监测限定值				
ω≤0.5	≤18.9	≤21.6	≤23.4	≤25.2	≤27.0	≤20.1	≤23.4	≤26.7	≤30.0	≤33.3
0.5＜ω≤1.0	≤13.3	≤15.1	≤16.4	≤17.7	≤18.9	≤14.8	≤17.3	≤19.7	≤22.1	≤24.5
1.0＜ω≤1.5	≤11.8	≤13.5	≤14.6	≤15.7	≤16.9	≤13.4	≤15.6	≤17.8	≤20.0	≤22.2
1.5＜ω≤2.0	≤10.9	≤12.4	≤13.5	≤14.5	≤15.5	≤12.4	≤14.5	≤16.5	≤18.6	≤20.7
2.0＜ω≤3.0	≤10.2	≤11.7	≤12.6	≤13.6	≤14.6	≤11.8	≤13.7	≤15.6	≤17.5	≤19.4

注：源自 GB/T 15910—2009《热力输送系统节能监测》。

表 3.7 蒸汽输送活动管道环表温差节能监测指标要求

测点附近风速 ω m/s	不同管道内介质温度，℃				
	200	250	300	350	400
	节能监测限定值				
ω≤0.5	≤25.8	≤29.5	≤32.6	≤35.7	≤38.8
0.5＜ω≤1.0	≤23.3	≤26.7	≤29.4	≤32.1	≤34.8
1.0＜ω≤1.5	≤21.7	≤24.8	≤27.4	≤30.0	≤32.6
1.5＜ω≤2.0	≤20.5	≤23.4	≤25.9	≤28.4	≤30.9
2.0＜ω≤3.0	≤19.4	≤22.1	≤24.6	≤26.9	≤29.3

注：源自 GB/T 15910—2009《热力输送系统节能监测》。

3.2.2.2 疏水阀漏汽率

疏水阀漏汽率应小于 3%。

3.2.2.3 注汽井口表面温度

注汽井口保温结构的外表面温度不应超过 60℃。

3.2.2.4 管道保温后允许最大散热损失

管道保温后允许最大散热损失指标见表 3.8 与表 3.9，凡是测试数值超过允许最大散热损失值时视为不合格，应采取保温改造等技术措施。

表 3.8 季节运行工况允许最大散热损失值

管道及其附近外表面温度 ℃	50	100	150	200	250	300
允许最大散热损失 W/m²	104	147	183	220	251	272

注：源自 GB/T 8174—2008《设备及管道绝热效果的测试与评价》。

表 3.9 常年运行工况允许最大散热损失值

管道外表面温度 ℃	50	100	150	200	250	300	350	400	450	500	550	600	650
允许最大散热损失 W/m²	52	84	104	126	147	167	188	204	220	236	251	266	283

注：源自 GB/T 8174—2008《设备及管道绝热效果的测试与评价》。

3.2.3 节能监测结果评价

根据注汽管道节能监测结果及节能监测评价指标，可对注汽管道进行节能监测评价。

（1）注汽管道监测指标的节能监测限定值为其合格指标，节能监测节能评价值为其节能运行状态指标。监测单位应据此进行合格与不合格以及节能状态与非节能状态评价，并出具节能监测报告。监测单位在节能监测报告中应对被监测对象的能耗状况进行分析评价，并提出改进建议。

（2）当注汽管道的环表温差达到节能监测限定值时，并且疏水阀漏汽率、注汽井口保温结构的外表面温度，相关检查项目全部达标，判定注汽管道为"节能监测合格"。在此基础上，当注汽管道的环表温差达到节能监测节能评价值时，判定蒸汽输送管道为"节能监测节能运行"。

3.3 注汽井筒节能评价

注汽井筒节能测试评价目前尚没有可参考的标准。在此，研究分析注汽井筒节能测试评价方法主要参数的计算和分析。

3.3.1 节能评价参数计算

注汽井筒的节能监测评价参数主要包括总传热系数、热损失和井底干度，下面主要介绍这些参数的计算方法。

3.3.1.1 总传热系数计算

根据导热系数计算的热阻得到总传热系数。

当井筒中仅有光油管，下端有封隔器，油套环空为液体或气体时，总传热系数 U_{to} 由式（3.19）计算：

$$U_{to} = \cfrac{1}{\cfrac{1}{h_c + h_r} + \cfrac{r_{to} \ln \cfrac{r_h}{r_{co}}}{\lambda_{cem}}} \quad (3.19)$$

式中 U_{to} ——由油管外表面至水泥环外表面间的总传热系数，W/（m²·℃）；

h_c ——油管与套管环空中介质的热传导和自然对流的传热系数，W/（m²·℃）；

3 稠油注汽系统节能评价方法

h_r——油管与套管环空中介质的辐射换热系数,W/($m^2 \cdot ℃$);

r_{to}——油管外半径,m;

r_h——井眼半径,m;

r_{co}——套管外半径,m;

λ_{cem}——水泥环导热系数,W/($m^2 \cdot ℃$)。

当井筒中油管与套管之间加入隔热管(如图 1.40 所示),且下端有封隔器,环空是液体或气体时,总传热系数 U_{to} 为:

$$U_{to} = \cfrac{1}{\cfrac{r_{to}}{(h'_c + h'_r)r_i} + \cfrac{r_{to} \ln \cfrac{r_{ins}}{r_{to}}}{\lambda_{ins}} + \cfrac{r_{to} \ln \cfrac{r_h}{r_{co}}}{\lambda_{cem}}} \quad (3.20)$$

式中 h'_c——隔热管与套管环空中介质的热传导和自然对流的传热系数,W/($m^2 \cdot ℃$);

h'_r——隔热管与套管环空中介质的辐射换热系数,W/($m^2 \cdot ℃$);

r_{ins}——隔热层外半径,m;

λ_{ins}——隔热材料导热系数,W/($m^2 \cdot ℃$);

其他符合意义同前。

3.3.1.2 热损失计算

根据总传热系数计算热损失。

$$Q_{hl} = \frac{2\pi r_{to} U_{to} K_e}{\left[K_e + r_{to} U_{to} f(t)\right]} \left[(T_s - T_{fi})H - \frac{g_f H^2}{2}\right] \quad (3.21)$$

式中 Q_{hl}——蒸汽沿井筒热损失,W;

K_e——地层导热系数,W/(m·℃);

$f(t)$——无因次地层导热时间函数;

T_{fi}——原始地层温度,℃;

T_s——蒸汽温度,℃;

H——油管柱的总长度，m；
g_f——地温梯度，℃/m。

3.3.1.3 井底干度计算

根据热损失计算井底干度：

$$X_b = X_{surf} - 4186 \times \frac{100Q_{hl}}{M_S L_V} \quad (3.22)$$

式中 X_b——井底蒸汽干度，用百分数表示；
X_{surf}——井口蒸汽干度，用百分数表示；
M_S——注蒸汽质量流速，t/h；
L_V——蒸汽总焓降低值，J/kg。

3.3.2 节能评价指标

采用不同井筒隔热方案，就有不同的井筒总传热系数。总传热系数（U_{to}）大小对井筒热损失率、井筒最高温度及井底蒸汽干度等都有极大的影响。

注汽井筒的主要测试评价指标应是在实际井筒条件下的 U_{to} 值，U_{to} 值越小，井筒热损失越小，套管温升越低，井底干度将保持在较高的水平上。注汽井越深，要求 U_{to} 值越小，这样才能保持井底注汽参数在最好水平。

4 稠油注汽系统能耗分析

在稠油注汽系统节能监测和评价的基础上，通过对注汽系统各环节进行能耗分析，查找各环节的主要热损失，为稠油注汽系统进行技术改造、减少系统热损失指出薄弱环节。本章主要内容包括常用注汽锅炉、注汽管道和注汽井筒的能耗分析。查找影响注汽系统能效的主要因素，为注汽系统节能提效措施的制订提供依据。

4.1 注汽锅炉能耗分析

注汽锅炉能耗分析主要包括直流注汽锅炉能耗影响因素分析、循环流化床锅炉能耗影响因素分析、链条炉排锅炉能耗影响因素分析，着重分析注汽锅炉主要热损失的影响因素。

4.1.1 直流锅炉

直流注汽锅炉能耗分析以热平衡基础，根据直流注汽锅炉的主要热损失，分析各项热损失的影响因素。

4.1.1.1 热平衡分析

直流注汽锅炉的热平衡是指在稳定的热力状态下，直流注汽锅炉输入热量和输出热量及各项热损失之间的平衡。热平衡以单位质量（或体积）燃料为基础进行计算，在热平衡基础上可以计算直流注汽锅炉热效率。直流注汽锅炉的热平衡方程如下：

$$Q = Q_1 + Q_2 + Q_3 + Q_4 + Q_5 + Q_6 \tag{4.1}$$

式中　Q——锅炉的输入热量（由燃料的低位发热值、燃料的物理热、雾化燃油所用蒸汽带入的热量、外来热源加热空气带入的热量等组成），kJ/kg；

Q_1——锅炉有效利用热量（锅炉供出工质的总焓与给水焓的差值），kJ/kg；

Q_2——排烟损失的热量（排烟焓与冷空气焓的差值），kJ/kg；

Q_3——化学不完全燃烧热损失（指排烟中未完全燃烧的可燃气体所带走的热量），kJ/kg；

Q_4——机械不完全燃烧热损失（指飞灰、落灰、灰渣、溢流灰和冷灰中未燃尽的可燃物所造成的热损失），kJ/kg；

Q_5——锅炉散热损失（指锅炉炉体以及锅炉范围内汽水管道、烟风管道等向四周环境散失的热量），kJ/kg；

Q_6——灰渣物理热损失（指炉渣、溢流灰和冷灰排出锅炉时所带走的热量），kJ/kg。

直流注汽锅炉热效率及各项热损失的计算依据 GB/T 10180—2017《工业锅炉热工性能试验规程》进行。由于液体燃料中灰分所占比例可以忽略不计，气体燃料中几乎不含灰分，所以在直流注汽锅炉中 Q_4（机械不完全燃烧热损失）和 Q_6（灰渣物理热损失）极低，可以忽略不计。因此，直流注汽锅炉的热损失主要是排烟热损失、化学不完全燃烧热损失和散热损失。

4.1.1.2 排烟热损失

直流注汽锅炉运行时，排出的烟气温度一般在 150～300℃，有时甚至更高。这样的高温烟气将带走直流注汽锅炉燃料燃烧产生的很大一部分热量，不仅会造成排烟热损失，也将污染周围的环境。排烟热损失量的大小主要受排烟温度和排烟容积的影响，要想减少排烟热损失，就必须想办法降低排烟温度和减少排烟量。通常，排烟温度每升高 10～20℃，排烟热损失将增加 1%左右，直流注汽锅炉排烟热损失影响因素如图 4.1 所示。

4 稠油注汽系统能耗分析

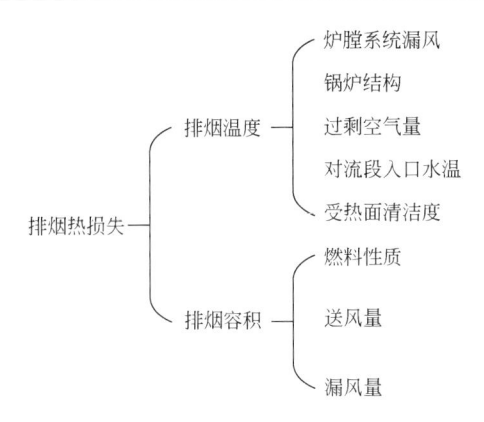

```
                    ┌─ 炉膛系统漏风
                    ├─ 锅炉结构
         ┌─ 排烟温度 ─┼─ 过剩空气量
         │          ├─ 对流段入口水温
排烟热损失 ─┤          └─ 受热面清洁度
         │          ┌─ 燃料性质
         └─ 排烟容积 ─┼─ 送风量
                    └─ 漏风量
```

图 4.1 直流注汽锅炉排烟热损失影响因素

造成排烟温度升高的主要影响因素主要包括以下方面。

（1）炉膛系统漏风：漏风产生的部位主要集中在锅炉的炉膛系统和烟道等部位，这些部位的漏风是锅炉排烟温度异常增高的主要原因。

（2）锅炉结构：锅炉结构设计不合理，尤其是锅炉受热面设计不合理，使得锅炉热量吸收不充分，造成热能随烟气排出锅炉。

（3）过剩空气量：在锅炉的实际运行中，进入炉膛的空气量经常比炉膛内燃料燃烧所需的空气量要多。特别是以原油作为燃料时，为防止炉膛燃烧中产生黑烟问题，往往会适度地加大风门的开度，加大排烟的容积。由于进入炉膛的空气量过大又会导致炉膛内空气流动加速，排烟温度也就相应地提高。

（4）对流段入口水温：在直流注汽锅炉运行时，如果不能很好地控制给水预热器高温水旁通阀的开度，将会导致直流注汽锅炉进入对流换热段的给水温度升高，对流段出水温度也就相应增高，会造成排烟温度升高。

（5）受热面清洁度：在以原油作为燃料时，如果燃料的雾化不佳、炉膛温度过低或是油品不达标，都容易造成锅炉燃烧过程中产生受热面积灰或是结焦的问题，降低锅炉换热面的导热系数，进而降低锅炉吸热量，并造成热量吸收状况不佳，使排烟温度升高。

4.1.1.3 化学不完全燃烧热损失

燃料燃烧时，燃料的可燃气体在炉膛燃烧，如果这部分气体没有燃尽就随烟气排走，就造成了燃料的化学不完全燃烧损失。送风量不足、燃料与空气未充分混合、燃料在炉膛停留时间过短、炉膛温度过低等均是造成燃料化学不完全燃烧的因素。

4.1.1.4 散热损失

在直流注汽锅炉的运行过程中，锅炉的外表面温度要高于周围环境的温度，尤其是在我国的北方地区，冬季环境的温度很低，这使得锅炉与周围环境间存在较大的温差，直流注汽锅炉的外表面会以对流和辐射的形式向周围环境中散热去，造成直流注汽锅炉的散热损失。影响散热损失的主要因素有：锅炉外表面面积的大小、表面温度、炉墙结构、绝热层的隔热性能与厚度以及周围环境的温度等。

4.1.2 循环流化床锅炉

循环流化床锅炉能耗分析是在热平衡分析的基础上，根据循环流化床锅炉的主要热损失，分析各项热损失的影响因素。

4.1.2.1 热平衡分析

循环流化床锅炉热量平衡图如图 4.2 所示。

循环流化床锅炉的热平衡方程如下：

$$Q_r = Q_1 + Q_2 + Q_3 + Q_4 + Q_5 + Q_6 + Q_7 \tag{4.2}$$

式中 Q_r——输入热量，kJ/kg；
Q_1——输出热量，kJ/kg；
Q_2——排烟热损失热量，kJ/kg；

4 稠油注汽系统能耗分析

Q_3——可燃气体未完全燃烧热损失热量，kJ/kg；
Q_4——固体未完全燃烧热损失热量，kJ/kg；
Q_5——散热损失热量，kJ/kg；
Q_6——灰渣物理热损失热量，kJ/kg；
Q_7——脱硫热损失热量，kJ/kg。

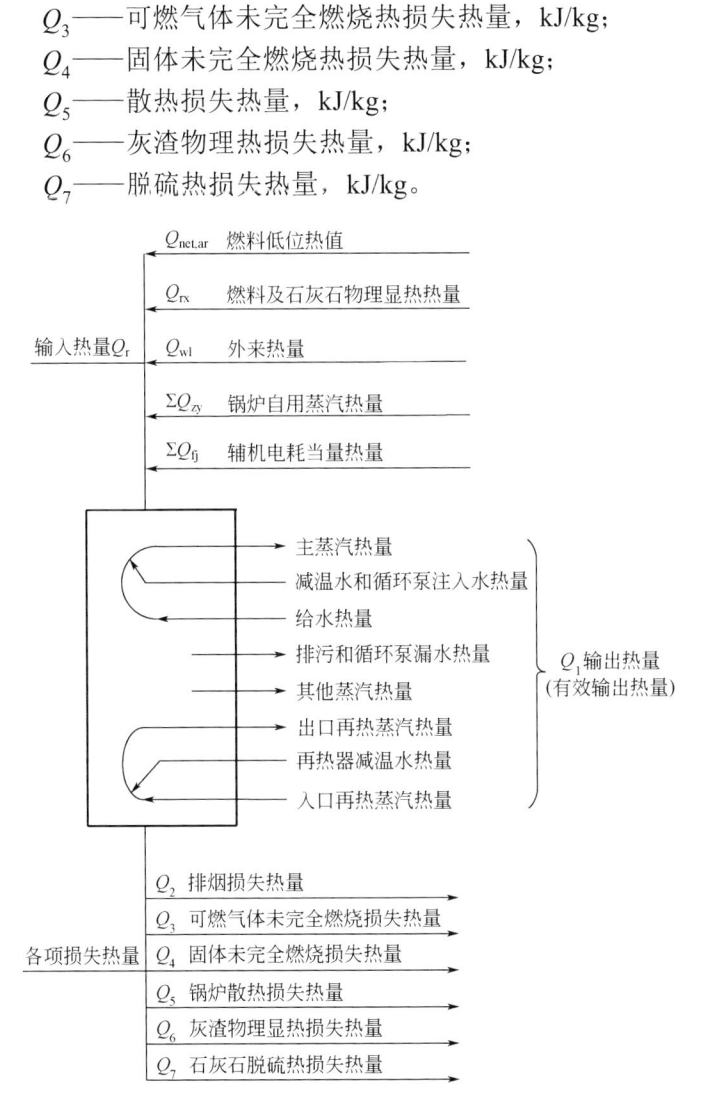

输入热量 Q_r：
- $Q_{net,ar}$ 燃料低位热值
- Q_{rx} 燃料及石灰石物理显热热量
- Q_{wl} 外来热量
- ΣQ_{zy} 锅炉自用蒸汽热量
- ΣQ_{fj} 辅机电耗当量热量

Q_1 输出热量（有效输出热量）：
- 主蒸汽热量
- 减温水和循环泵注入水热量
- 给水热量
- 排污和循环泵漏水热量
- 其他蒸汽热量
- 出口再热蒸汽热量
- 再热器减温水热量
- 入口再热蒸汽热量

各项损失热量：
- Q_2 排烟损失热量
- Q_3 可燃气体未完全燃烧损失热量
- Q_4 固体未完全燃烧损失热量
- Q_5 锅炉散热损失热量
- Q_6 灰渣物理显热损失热量
- Q_7 石灰石脱硫热损失热量

图 4.2 循环流化床热量平衡图

循环流化床锅炉热效率及各项热损失的计算参照 DL/T 964—

2005《循环流化床锅炉性能试验规程》及 GB 10180—2017《工业锅炉热工性能试验规程》进行。对于循环流化床锅炉，如果配风合理，可燃气体不完全燃烧热损失很小，可忽略不计。因此，循环流化床锅炉的热损失主要是排烟热损失、固体未完全燃烧热损失、散热损失、灰渣物理热损失、脱硫热损失。

4.1.2.2 排烟热损失

排烟热损失是由于排出锅炉时的烟气焓高于进入锅炉时的空气焓而造成的热损失，其表达式为：

$$Q_2 = V_{gy} c_{p,gy} (\theta_{py} - t_0) + Q_2^{H_2O} \quad (4.3)$$

式中 Q_2——排烟热损失，kJ/kg；

V_{gy}——燃料燃烧生成的干烟气，m³/kg；

$c_{p,gy}$——干烟气从 t_0 到 θ_{py} 的平均定压比热容，(kJ/m³·K)；

θ_{py}——排烟温度，℃；

t_0——能量平衡基准温度，即锅炉空气预热器入口温度，℃；

$Q_2^{H_2O}$——烟气所含水蒸气显热，kJ/kg。

由式（4.3）可以看出，影响 Q_2 的主要因素为排烟温度和烟气容积。排烟温度越高，则 Q_2 越大，一般排烟温度每升高 10℃，排烟热损失增加 0.5%～0.8%。这不仅造成热量的浪费，而且对炉后除尘器的安全运行构成威胁。所以，应尽可能降低排烟温度。但排烟温度降低，又会引起空气预热器金属耗量和烟气流动阻力增大。同时，温度过低，会造成烟气中的硫化物、氮化物及水蒸气凝结，造成锅炉尾部酸性腐蚀，减少锅炉的使用寿命。因此，应通过技术经济比较确定合理的排烟温度。排烟温度应高于烟气露点，一般应在 130℃以上。具体应根据煤种成分，烟气含硫量、含氮量、含水量等参数确定最佳值。

烟气容积增大，排烟热损失相应增大。影响烟气容积的主要因素为炉膛过量空气系数和各处的漏风系数。而炉膛出口的过量

4 稠油注汽系统能耗分析

空气系数受最佳值（q_2，q_3，q_4 之和最小时对应的过量空气系数）和推荐值的限制，不能过于降低。

造成循环流化床锅炉排烟温度高的主要原因有：受热面积灰、炉膛和尾部烟道漏风、一次风量过大、旋风分离器效率降低等。

（1）受热面积灰。锅炉受热面积灰会使烟气与受热面之间的传热热阻增加，传热系数降低。炉膛受热面积灰会使炉膛内的辐射换热减小，从而导致炉膛出口烟气温度升高。对流区间受热面温度升高，烟温随之升高；而对流换热段烟道中的受热面积灰可直接导致该处烟气温度升高，使受热面传热效率降低。

（2）炉膛和尾部烟道漏风。循环流化床锅炉炉膛出口至旋风分离器、空气预热器的区域皆为负压区。当尾部烟道漏风时，不仅会增加排烟容积，而且漏入烟道的冷空气还会使漏风处的烟气温度降低，使得漏风处受热面的传热量减小，进而造成排烟温度升高，且漏风点越靠近炉膛，造成的影响越大。实验表明，炉膛漏风系数每增加 10%，排烟温度上升 10℃；尾部烟道漏风系数每增加 10%，排烟温度上升 6℃。

（3）一次风量过大。循环流化床锅炉中的一次风主要作用是流化炉内的床料，同时给炉膛下部密相区送入一定氧量供给燃料燃烧。一次风由一次风机供给，经风室通过布风板和风帽送入炉膛。当一次风量偏大时，由于氧供应量的增加，密相区的燃烧份额会有所上升，但密相区燃烧份额的增加远低于一次风增加的比例，同时一次风的增加会使得炉膛上部的浓度有所增加。在床温较高的情况下，一次风带走的热量大于燃烧份额增加的热量。

（4）旋风分离器效率降低。循环流化床锅炉大多采用高温旋风分离器捕捉返料，而分离器在高温高速烟气的长期冲刷下，很容易造成防磨内衬脱落，从而导致分离效率降低。大量飞灰进入尾部烟道，烟气所含热量远大于受热面所需热量，造成排烟温度升高。

(5) 其他原因：

① 煤质变化：燃料中的水分增加时，会使烟气容积增大；灰分增加或者低位发热量降低时，会导致燃煤燃烧时间延长，烟气量和烟气比热增大，烟气在对流区中温降减小，排烟温度上升。

② 空气预热器热风再循环漏风：热风再循环是将空气预热器出口的部分热风通过再循环风管引回到一、二次风机进口；空气预热器热风再循环漏风，会导致排烟热损失增加，从而使锅炉热效率降低。

③ 炉膛负压过大：炉膛负压是维持平衡通风的重要参数，负压过大会导致烟气流速、飞灰含量增加，大量热量被引风带走，造成排烟温度升高。

④ 受热面内部结垢：因汽水品质不良，而造成蒸发受热面内部结垢，致使传热系数降低，受热面吸热量减少，造成排烟温度升高。

4.1.2.3 固体未完全燃烧热损失

循环流化床锅炉固体未完全燃烧热损失百分率 q_4 按式（4.4）计算：

$$q_4 = \frac{337 A_{js} \overline{C}}{Q_r} \quad (4.4)$$

式中 q_4——循环流化床锅炉固体未完全燃烧热损失百分率，用百分数表示；

A_{js}——投石灰石脱硫单位燃料计算灰分含量百分率，用百分数表示；

$\overline{C}$——灰渣中平均碳量与燃料计算灰量之比率，用百分数表示；

Q_r——每千克燃料的输入热量，kJ/kg。

循环流化床锅炉固体未完全燃烧热损失的影响因素主要包括：燃料粒度、燃料性质、锅炉布风、运行控制参数（过量空气系数、炉膛温度、料层、风煤配比)等。

(1) 如果入炉的煤质及其粒径分布超出设计范围,就会造成煤燃烧不充分,锅炉的飞灰及底渣可燃物高。

(2) 锅炉内燃烧工况恶劣,流化不良,床温、炉内烟气温度等主要参数分布不均匀,变化幅度大,也会造成燃煤不能充分燃烧。

(3) 锅炉燃烧调整风煤配比不合理,一次风(流化风)、二次风配比、过剩空气系数控制不当是飞灰可燃物高的主要原因。锅炉一次风风量过低,密相区缺氧,入炉煤挥发分不能及时析出燃烧,使煤的着火温度升高,着火燃烧推迟,床温降低,底渣含碳量升高;一次风过高,需增加给煤量,来维持床温稳定,烟气量增加,流化速度增大,炉膛上部及其出口烟温升高,飞灰可燃物尚未完全燃烧就被烟气携带出炉膛,造成锅炉燃烧热损失增大。

4.1.2.4 散热损失

根据 DL/T 964—2005《循环流化床锅炉试验规程》,循环流化床锅炉的散热损失百分率 q_5 计算方法为:

$$q_5 = q_5^e \frac{D^e}{D} \qquad (4.5)$$

$$q_5^e = q_5^{e'} f_{xz} \qquad (4.6)$$

$$f_{xz} = \frac{F_z}{F_z - F_{lf}} \qquad (4.7)$$

式中 q_5 ——循环流化床锅炉的散热损失,用百分数表示;
  q_5^e ——额定蒸发下的散热损失,用百分数表示;
  f_{xz} ——面积修正系数;
  F_z ——锅炉总表面积,m²;
  F_{lf} ——锅炉分离回送系统的表面积之和,包括分离器、立管、回料阀和外置换热器等的表面积,m²;
  D^e ——锅炉的额定蒸发量,t/h;

D ——锅炉热效率测定时的实际蒸发量，t/h。

循环流化床锅炉的散热损失的影响因素主要有散热表面积的大小、外表面温度的高低、周围环境温度及锅炉运行负荷等。

4.1.2.5 灰渣物理热损失

灰渣物理热损失是指炉渣、溢流灰和冷灰排出锅炉时所带走的热量。

灰渣物理热损失百分率 q_6 按式（4.8）计算：

$$q_6 = \frac{A_{js}}{Q_r}\left[\frac{\alpha_{dz}(t_{dz}-t_0)c_{dz}}{100-C_{dz}^c} + \frac{\alpha_{fh}(\theta_{py}-t_0)c_{fh}}{100-C_{fh}^c} + \frac{\alpha_{xhh}(t_{xhh}-t_0)c_{xhh}}{100-C_{xhh}^c} + \frac{\alpha_{cjh}(t_{cjh}-t_0)c_{cjh}}{100-C_{cjh}^c}\right] \quad (4.8)$$

如冷渣器流化风划归系统内，冷却水划归系统外时，按式（4.9）计算：

$$q_6 = \frac{A_{js}}{Q_r}\left[\frac{\alpha_{dz}(t_{dz}-t_0)c_{dz}}{100-C_{dz}^c} + \frac{\alpha_{fh}(\theta_{py}-t_0)c_{fh}}{100-C_{fh}^c} + \frac{\alpha_{xhh}(t_{xhh}-t_0)c_{xhh}}{100-C_{xhh}^c} + \frac{\alpha_{cjh}(t_{cjh}-t_0)c_{cjh}}{100-C_{cjh}^c} + D_{lzw}(h_{lzw}''-h_{lzw}')\right] \quad (4.9)$$

式中 q_6 ——循环流化床锅炉灰渣物理热损失，用百分数表示；

A_{js} ——投石灰石脱硫单位燃料计算灰分含量，用百分数表示；

Q_r ——燃料的输入热量，kJ/kg；

t_{dz} ——离开锅炉系统的实测底渣温度，℃；

t_0 ——能量平衡基准温度，℃；

θ_{py}，t_{xhh}，t_{cjh} ——锅炉排烟温度（即飞灰温度）、离开锅炉机组热平衡系统界限边界的循环灰温度和沉降灰温度，沉降灰温度可取沉

4 稠油注汽系统能耗分析

降灰斗上部空间的烟气温度，℃；

c_{dz}，c_{fh}，c_{xhh}，c_{cjh}——底渣、飞灰、循环灰、沉降灰的比热容，按 GB/T 10184—2015《电站锅炉性能试验规程》查取，kJ/（kg·K）；

α_{dz}，α_{fh}，α_{xhh}，α_{cjh}——底渣、飞灰、循环灰、沉降灰占总灰量质量分数，用百分数表示；

C_{dz}，C_{fh}，C_{xhh}，C_{cjh}^{c}——底渣、飞灰、循环灰、沉降灰可燃物含量，用百分数表示；

D_{lzw}——冷渣器划归系统外冷却水流量，kg/h；

h_{lzw}''——冷渣器划归系统外冷却水出口焓，kJ/kg；

h_{lzw}'——冷渣器划归系统外冷却水进口焓，kJ/kg。

从上面表达式可以看出，灰渣物理热损失的影响因素包括燃料灰分、灰渣份额以及灰渣温度。

4.1.2.6 脱硫热损失

根据石灰石煅烧吸热反应式（4.10）与硫化放热反应式（4.11），石灰石脱硫热损失百分率 q_7 按式（4.12）计算：

$$CaCO_3 = CaO + CO_2 - 183 kJ/mol \tag{4.10}$$

$$CaO + \frac{1}{2}O_2 + SO_2 = CaSO_4 + 486\ kJ/mol \tag{4.11}$$

$$q_7 = \frac{S_{t,ar}(57.19 K_{glb}\beta_{fj} - 152\eta_{tl})}{Q_r} \tag{4.12}$$

式中 q_7——石灰石脱硫热损失，用百分数表示；

$S_{t,ar}$——燃料收到基全硫含量，用百分数表示；

K_{glb}——钙硫摩尔比；

— 135 —

β_{fj}——石灰石碳酸钙分解率,用百分数表示;

η_{tl}——脱硫效率,用百分数表示。

由上面脱硫热损失的理论表达式可知,影响脱硫热损失的因素包括脱硫效率、煤中含硫量、钙硫摩尔比和石灰石碳酸钙分解率。

4.1.3 链条炉排锅炉

链条炉排锅炉能耗分析以热平衡分析为基础,根据链条炉排锅炉的主要热损失,分析各项热损失的影响因素。

4.1.3.1 热平衡分析

链条炉排锅炉热平衡方程与式(4.1)相同,其热效率及各项热损失的计算参照 GB/T 10180—2017《工业锅炉热工性能试验规程》进行。由于链条锅炉化学不完全燃烧热损失及灰渣物理热损失很小,通常可忽略不计。因此链条炉排锅炉的热损失主要是排烟热损失、固体未完全燃烧热损失、散热损失及灰渣物理热损失。

4.1.3.2 排烟热损失

排烟热损失是指烟气排入大气而损失的热量,在链条炉排锅炉设计热力计算的范围通常在 6%～10%,而实际运行往往在 5%～20%,多数锅炉的排烟热损失远大于设计值。排烟热损失主要取决于排烟温度与烟气容积,排烟温度越高,排烟热损失越大。排烟量的大小可通过烟气中含氧量的高低来判断,含氧量越高,相应的排烟量越大,排烟热损失也越大。链条炉排锅炉排烟温度高的原因有:

(1)链条锅炉受热面在烟气侧有沾灰、堵灰、积灰,或者在水侧有水垢。

(2)各烟气回路间有烟气短路的情况。

4 稠油注汽系统能耗分析

（3）锅炉超负荷运行。

（4）锅炉本身存在缺陷。

一般来说，链条锅炉排烟处的氧含量在 3%～8%区间内较合理。倘若锅炉排烟处的氧含量不在此区间甚至相差甚远，可从以下几方面找原因：

（1）炉排配风不科学甚至是不合理，如个别风室给风量过大造成了对应部位炉排供风量过大，锅炉负荷过低造成了炉排漏风过大，燃烧状况不理想形成风口等燃烧不均匀现象。

（2）锅炉炉墙、省煤器、空气预热器及连接烟道等密封不严，造成漏风过大。

（3）燃烧调节不合理，人为造成鼓引风机风量大于实际需要量。

（4）煤质差、负荷低时易造成烟气量大、含氧量高。

（5）锅炉本身存在缺陷。

4.1.3.3 固体未完全燃烧热损失

链条炉排锅炉影响 q_4 的主要因素有：炉渣、飞灰以及漏煤的含碳量比例。通常 q_4 较高，则说明链条锅炉燃烧并不理想，主要有以下几点原因：

（1）炉排上燃煤颗粒度、湿度、厚度不合适，且不均匀。

（2）炉排配风不合理，存在风量过大或过小的情况。

（3）煤质与锅炉炉拱不相匹配。

（4）锅炉本身缺陷。

减少漏煤、降低炉渣及飞灰含碳量，在总灰量一定时，固体未完全燃烧热损失会更小，更有利于工业锅炉的节能减排。但是，过分地强调降低固体未完全燃烧热损失，有时会在其他方面付出更大的代价。例如，有些锅炉在炉膛出口到尾部出烟口之间加装简易的飞灰分离装置，分离下来的飞灰被送回炉膛进行飞灰再燃，希望以此减少飞灰量及飞灰含碳量，降低固体未完全燃烧热损失。然而由于飞灰着火困难且回到炉膛后停留时间很短，甚至来不及着火就被再次带出炉膛，加装这些装置的锅炉实际投运后效果并不理想。

4.1.3.4　散热损失

一般影响散热损失的主要因素为炉墙外表面积、炉墙外表面温度、周围环境温度和空气流动状况。通常是链条炉排锅炉额定容量越小、炉墙外表面积越大、周围环境温度越低、空气流动越强，散热损失就越大。

4.1.3.5　灰渣物理热损失

灰渣排出炉外时的温度比进入炉子的燃煤温度高，其带走的热量占输入热量的百分率称为灰渣物理热损失百分比 q_6。由于链条炉排锅炉的排渣量较大，灰渣物理热损失的一般为 1%～5%，可通过动力配煤、强化燃烧（拱合适、风合适）及调整炉排速度等方式降低其灰渣物理热损失。

4.2　注汽管网能耗分析

注汽管网能耗分析主要包括注汽管网散热损失分析以及影响散热损失的因素分析。

4.2.1　注汽管网热损失

注汽管网热损失包括注汽管道散热损失以及阀门、支墩、蒸汽分配器等附属管件的散热损失。其中，注汽管道散热损失一般占管网总散热损失的 80% 以上。

架空敷设注汽管道的散热损失大小主要取决于蒸汽与大气之间的温度差及注汽管道外表面总放热系数。温度差越大、风速越高，放热系数就越大，单位时间内架空管线的热损失越大。

埋地敷设注汽管道利用大地作为绝热层，影响埋地注汽管道

4 稠油注汽系统能耗分析

散热损失的主要因素有蒸汽温度、埋地深度、土壤导热系数和绝热层厚度。其中，埋地管道散热损失随着蒸汽温度的升高、土壤导热系数的增大而增加，随着埋地深度和绝热层厚度的增加而减少。

4.2.2 热损失影响因素

由于管线设计、保温结构、施工工艺等方面的差异，各种情况的热损失并不相同。保温材料用于管道后，由于其弯曲、接缝、密度变化及多种保温材料复合使用等的影响，保温材料本身的初始导热系数已不能代表其实际状况下的绝热性能，影响着注汽管道的散热损失。

4.2.2.1 保温材料

稠油热采注汽管道地处野外，不但经受冬冷夏热、日晒雨淋、风吹雨打、大气腐蚀、外力冲击及火烧等侵袭，而且由于管道内部水击及压力波动等影响，造成管道振动、伸缩频繁。测试结果表明，岩棉、玻璃棉、矿渣棉等软质材料做成的保温结构，用于稠油热采注汽管道后，突出的问题是保温材料滑移、下沉严重，致使管道顶部保温层变薄、底部变厚下沉，保温功能变差，造成保温管道散热损失严重，超出节能评价指标要求。复合硅酸盐瓦等硬质保温材料，尽管耐高温性能好，但柔性差、易破碎，且瓦间接缝处理复杂，保温效果受施工质量的影响较大。

保温材料的选择在考虑最高使用温度、容重和导热系数等技术条件的同时，应充分考虑保温材料的抗压强度、抗折强度等指标，以满足注汽管道保温的工况要求。近年来，纳米气凝胶毯以其导热系数小，阻燃性能优良，质地柔软，弹性好，在生产现场得到了广泛的应用。

4.2.2.2 保温结构

国内目前注汽管道保温结构有毡、单层及双层保温瓦块、多种材料复合保温等形式。

（1）单层微孔硅酸钙瓦+单层毡（岩棉）保温结构：部分管段采用了内层微孔硅酸钙瓦与外层软质材料的保温结构。从现场应用来看，这种结构普遍存在保温材料下沉的情况。主要是由于内层微孔硅酸钙瓦与外层软质材料结合使用的保温结构不能使两者形成一个有机的整体，长期使用后，受管线内蒸汽压力波动、水力冲击等影响，造成架空管道振荡，致使软质保温材料发生变形、滑移、下沉。

（2）双层瓦块保温结构：部分注汽管道采用了复合硅酸盐双层保温瓦块对管线进行保温。瓦块连接处一般采用保温涂料、软质填料来处理瓦块接缝。现场检测情况表明，保温瓦块虽未下沉，但裂缝、破损较多，保温材料开裂的情况比较普遍，这些裂缝导致热损失增大。

（3）复合反射式保温结构：采用多层复合保温结构，选用纳米气凝胶毯为主体材料、复合铝箔作热反射层，外包复合硅酸盐毡材料。在保温材料的选择和保温工艺上能最大限度地确保保温结构的完整和密封性能，有效隔绝热能传递；同时对弯头、三通等异形件保温的薄弱环节也有较好的适应性。

4.2.2.3 管件保温情况

管托、阀门、弯头、井口及裸管等管件不保温或保温差，会造成注汽管道整体散热损增大，是注汽管道保温工程中突出的薄弱环节。

（1）管托散热损失：随着节能精细化管理的不断深化，管托的散热损失引起了工程技术人员的重视。目前在蒸汽管线上使用的管托是由钢制管托支撑板与工艺管道焊接而成，底板放置在支架梁上。管托的热损来源于支撑板与肋板导热、底板散热，造成蒸汽管道散热损失。管托热损失与蒸汽介质温度、管托结构、风速、环境温度等因素有关。

（2）弯头热损失：弯头散热量占管线总散热量的百分比为5%～10%。由于保温材料及保护层随着使用年限的增长而破损老化，注汽温度变化引起管线弹性膨胀与收缩，将造成保护材料及保温层破损，进而导致保温失效。

4.2.2.4 施工质量

由于注汽管道保温属于隐蔽工程，保温材料搭接及缝隙处理等都很关键，部分施工单位不严格按规范标准施工，造成保温结构达不到预期效果。

4.2.2.5 后期维护

部分油田注汽管道的建设跨度时间长、运行环境较恶劣，导致保温管线出现局部破损，增大散热损失，应对其注汽管道及其附件的绝热结构做经常性检查和维护保养工作。

4.3 注汽井筒能耗分析

注汽井筒主要由油管、隔热管、环空、套管和水泥环组成，如图4.3所示。蒸汽从油管中注入，蒸汽热量依次向外散失。井筒的热阻由六部分组成，即蒸汽与注汽管柱内壁之间的热对流热阻R_1、注汽管柱内外壁之间的热传导热阻R_2、隔热层热传导热阻R_3、环空的热对流和热辐射热阻R_4、套管内外壁之间的热传导热阻R_5和水泥环热传导热阻R_6。则注汽管柱总热阻R的值按式（4.13）计算：

$$R = R_1 + R_2 + R_3 + R_4 + R_5 + R_6 \tag{4.13}$$

下面分别从隔热管、封隔器、伸缩补偿器和注汽参数来分析其对注汽井筒热损失的影响。

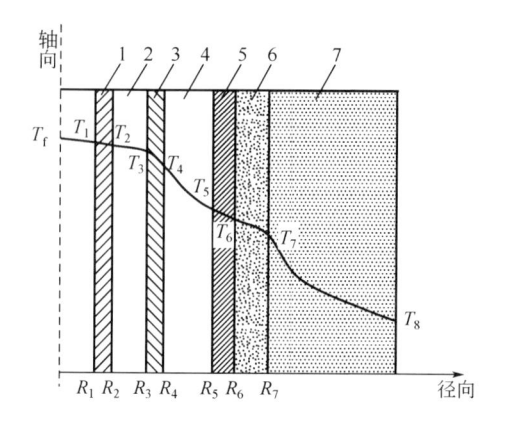

图 4.3　注汽井筒典型结构

1—油管；2—隔热层；3—隔热套管；4—环空；
5—套管；6—水泥环；7—地层

4.3.1　隔热管

隔热管是热采中输送蒸汽到井下的主要井下工具，其在注汽时传输热量距离最长、热损失也最多。目前常用的双层预应力隔热管，隔层充惰性气体，随着隔热管长期使用，其隔热效果会自然变差。另外，由于长期使用，螺纹会磨损，造成隔热管接箍处蒸汽泄漏，这也是造成井筒热损失大的重要原因。

4.3.2　封隔器

封隔器作为密封油套环形空间的工具，在注汽时可防止油套环形空间进入高温蒸汽，保护套管不受高温热胀伸长而损坏，同时也是为了将热能最大限度地输送到油层当中去，故要求有良好的密封性。目前所使用的封隔器多为热敏金属封隔器，当注汽达到一定温度时才能将油套环空密封。热采封隔器又是在注汽管柱的最下端，在封隔器密封前，蒸汽将从注汽管柱下端返到环形空间一部分，举升油套环形空间的液体。当封隔器密封后，环形空间的液体无法排出,隔热效果差的隔热管柱加热油套环形空间液体,形成对流换热,消耗大量的热能。

4.3.3 伸缩补偿器

伸缩补偿器的作用是当封隔器密封后,注汽管柱受热伸长时,使注汽管柱不受轴向压力而损坏,起到管柱的伸缩补偿作用。但目前伸缩补偿器没有保温层,不具备隔热性能,现场所使用的伸缩管长度 5m 左右,与其配合的管柱长度有 10m,全部伸出在 15m 左右,这么长的管柱是加热油套环形空间液体而使热损失最大的部位。据现场测试,伸缩补偿器部分的热损失大约占总损失量的 15%以上。

4.3.4 注汽参数

注汽参数对井筒热损失有着一定的影响。

(1) 井口注汽压力:随着注汽压力增加,注汽井井筒热损失以及蒸汽干度损失会减小。但是,当注汽压力进一步增大而达到某一临界值后,蒸汽热损失和干度损失减小的幅度会变得很小。

(2) 井口注汽速度:随着井口注汽速度增加,井筒热损失会逐渐减小,热利用率会不断升高。但是,当注汽速率达到某一值后,蒸汽热损失和干度损失对注汽速率不再敏感。

(3) 井口注汽干度:随着井口蒸汽干度增加,蒸汽干度随井筒深度的损失相应降低,蒸汽干度随井筒的变化关系近似为线性关系。

5 稠油注汽系统节能提效措施

根据稠油注汽系统能耗分析,要提高注汽系统热效率,就必须从注汽锅炉、注汽管网与注汽井筒三个环节入手,针对其造成热损失大的根源提出相应的改进措施。本章主要从管理与技术角度出发,介绍稠油注汽系统中常用注汽锅炉、注汽管道与注汽井筒的节能提效措施,为油气田企业实施注汽系统节能降耗措施提供指导与参考。

5.1 注汽锅炉节能提效措施

注汽锅炉能耗在稠油开采中占据了很大的能源成本,下面主要针对稠油注汽锅炉热量损失的特点,结合油田节能管理及技术改造实践,给出相应的节能提效措施。

5.1.1 直流锅炉

根据直流注汽锅炉的技术特点以及热效率影响因素分析,结合油田生产实际,对直流注汽锅炉提出相应的节能提效措施。

5.1.1.1 除垢阻垢技术

对直流注汽锅炉及时清垢和阻止垢的生成,可有效改善炉内传热效果,降低排烟温度,提高锅炉热效率,也有利于减少锅炉爆管等事故的发生。保证锅炉给水质量,采取清垢和阻垢措施是锅炉安全、经济运行的重要保障。

直流注汽锅炉的除垢和清洗应按 TSG G5003—2008《锅炉化学清洗规则》的规定执行。

(1)工业锅炉化学清洗包括碱洗和酸洗,当水垢或者锈蚀达

5 稠油注汽系统节能提效措施

到以下程度时应当及时进行除垢或除锈清洗：

① 锅炉受热面被水垢覆盖 80%以上，并且水垢平均厚度达到 1mm 以上。

② 锅炉受热面有严重的锈蚀。

③ 由于锅炉受热面结垢引起锅炉出力降低、排烟温度高于规定值。

（2）清洗过程包括碱洗、酸洗、水顶酸及中和水冲洗、钝化，其化学分析和测定指标应当符合以下要求：

① 碱洗（煮），每 4h（接近终点时每 1h）测定碱洗液的 pH 值、总碱度和 PO_4^{3-} 浓度。

② 酸洗，开始时每 30min（酸洗中间阶段每 1h）测定酸洗液中的 pH 值、Fe^{3+} 浓度，接近终点时，应当缩短测定间隔时间。

③ 水顶酸及中和水冲洗，后阶段每 15min 测定出口水的 pH 值。

④ 钝化，每 3～4h 测定钝化液的 pH 值和钝化液的浓度。

（3）清洗质量应当符合以下要求：

① 清洗以碳酸盐或者氧化铁为主的水垢，除垢面积达到原水垢覆盖面积的 80%以上，清洗硅酸盐或者硫酸盐为主的水垢，除垢面积达到原水垢覆盖面积的 60%以上，必要时可通过割管检查除垢效果。

② 用腐蚀指示片测定的金属腐蚀速度小于 $6g/(m^2 \cdot h)$，腐蚀总量不大于 $80g/m^2$。

③ 在金属表面形成较好的钝化保护膜，不出现明显的二次浮锈，且无点蚀。

清洗单位应采取有效措施，清除锅内酸洗后已松动或者脱落的残留垢渣，疏通受热面管子。对清洗前已经堵塞的管子，清洗后仍然无法疏通畅流的，应当由具有相应资质的单位修理更换，以确保所有受热面管子畅通无阻。

锅炉使用应坚持防垢为主、除垢为辅的原则，积极做好水质处理工作，长期保持锅炉无垢或少垢运行。

5.1.1.2 节能燃烧技术

直流注汽锅炉的节能燃烧技术包括运行工况监控、送风量控制和锅炉运行中压力、流量与干度的调配。

（1）运行工况监控：在注汽锅炉普通的控制系统下，由于有热惯性的存在，当监测到蒸汽的干度发生变化以后，锅炉的运行人员很难精确地对其进行调整，通常是根据积累的一些经验进行调整，这使蒸汽干度波动较大，造成注汽锅炉燃料的消耗量过大。运用蒸汽干度在线监控系统，可实现蒸汽干度在线测量过程与PLC自动控制的有机结合。在线监控系统对蒸汽干度的测量误差可控制在 3%左右，而对蒸汽干度调整时的干度波动范围可控制在 2%~4%，最大限度地避免燃料的浪费，蒸汽质量显著提升，使注汽锅炉的热效率有效提高。

① 水火跟踪调整。

水火跟踪主要是指锅炉给水量发生变化时，火量信号能通过偏值器、气马达的调节自动跟踪水量信号的改变，使注汽干度始终保持在设定干度的自控调节过程。若水火跟踪调节不当，则注汽干度会因水量的变化而改变，导致蒸汽质量达不到工艺要求，从而造成蒸汽及能源的浪费。

② 雾化参数调整。

雾化参数主要是指燃油燃烧时油温、油压和雾化压力，这三个参数是影响燃油在炉膛里是否迅速燃烧且完全，及其火焰形态等情况的最重要参数。如果三个参数调节到位，燃烧火焰正常，燃烧迅猛且充分，辐射段受热面积大，蒸汽干度上升幅度就快。因此，雾化参数是否匹配直接影响蒸汽干度的提高。雾化油滴越小，越均匀，油的蒸发表面积越大，蒸发速度越快，油雾的燃烧速度越快。雾化压力过低，会造成燃料燃烧不充分，

5 稠油注汽系统节能提效措施

冒黑烟,导致排烟热损失增加;但雾化压力过高,燃烧效果不好,蒸汽干度无法保证。因此,实际运行中应合理控制雾化压力。燃油在炉膛的燃烧是否迅速完全,雾化和油压的配比是不可忽视的关键因素。一般情况下,雾化压力应保持在 0.40~0.45MPa 之间。

(2)送风量控制:为了防止过量空气带走过多热量,增大排烟热损失,注汽锅炉的过量空气系数应小于 1.2,在满足燃烧工况时应尽量降低过量空气系数。可采用烟气氧量检测系统,以及微机和无级变速装置控制鼓风机转速,确保在多种燃料和任意工况下能使空气过剩系数自动调节在 1.1~1.2 范围内。

空气—燃料比调整这一措施适用于以北美燃烧器为代表的机械式调节空气—燃料比的注汽锅炉。采用烟气氧量检测系统,由含氧量确定所需燃料量,再给定火量控制信号,测量烟道气的含氧量算出过量空气系数,分析二者的线性关系,若误差小于 10%,则为合格;反之,则还要进一步调整。

(3)锅炉运行中压力、流量与干度的调配:在生产作业过程中,注汽锅炉干度值需要维持稳定,过低会产生较多的油层积水,影响稠油的开采效率,过高则会导致注汽锅炉热效率下降,油田蒸汽干度通常要求控制在 80%左右。目前,国内注汽锅炉蒸汽干度控制系统,多采用传统的仪表监控或手动控制的方法,工作效率低下。此外,由于注汽锅炉具有延时大、非线性和强耦合的特点,采用传统 PID 控制方法的效果并不理想。因此,对蒸汽干度控制系统的改进研究一直处于探讨中。目前国内控制方法主要包括模糊-PID 双模控制器、多变量预测控制与串级 PID 控制。

通过测量蒸汽压力、流量等参数,经过大量实验分析,揭示了它们与蒸汽干度之间的变化关联,在此基础上开发的智能控制系统用于注汽锅炉,实现了注汽锅炉蒸汽干度等重要参数能够自动、连续、实时测量及显示,从而准确调节火量等信号,使锅炉蒸汽稳定地维持在设定干度范围内，保证了注汽质量。

5.1.1.3 余热回收技术

直流注汽锅炉的余热回收技术主要包括排烟余热回收、排污余热回收和蒸汽凝结水回收等措施。近年来，排烟余热回收节能技术在油田生产中得到了广泛的应用。

锅炉排烟余热可用于锅炉系统的给水和助燃空气的加热，通过增设给水加热器或空气加热器等烟气尾部受热面装置，可有效降低排烟热损失，提高锅炉余热利用率。

（1）复合相变换热技术。

复合相变换热技术是指先用注汽锅炉的排烟加热复合相变换热装置中的水，使其变成水蒸气，然后再用水蒸气加热注汽锅炉中的给水，在提高锅炉给水温度的同时将有效降低排烟温度，从而提高锅炉热效率。某采油厂采用该技术后，烟气的排烟温度从220℃降到140℃，锅炉的热效率提高3%，节能效果非常显著。复合相变换热器的原理示意图如图5.1所示。

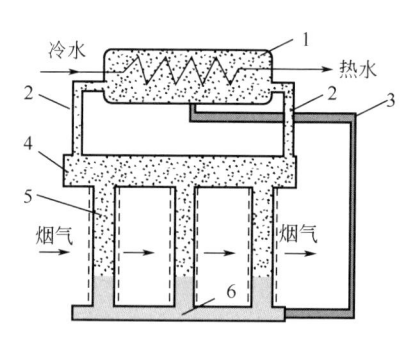

图5.1 复合相变换热器原理示意图
1—锅筒；2—上升管；3—下降管；4—上联箱；5—水冷壁；6—下联箱

（2）合理布置锅炉的对流段。

对流段位于锅炉的尾部烟道，由于排烟的温度较高，可通

5 稠油注汽系统节能提效措施

过合理布置和增加锅炉的对流换热面,直接利用烟气的余热来加热锅炉给水和助燃空气,这样烟气的热量将有很大一部分被回收利用,从而在一定程度上提高锅炉的热效率。实践表明,通过优化锅炉对流段布局及进行结构改造,能使锅炉热损失降低3%左右。

(3) 烟气冷凝余热回收技术。

燃气注汽锅炉排烟温度一般在160℃以上,烟气中的水蒸气处于过热状态。随着烟气温度的降低,当烟温降至水蒸气露点温度以下时,烟气中部分水蒸气会逐渐凝结成液态水,释放出大量潜热。水蒸气凝结量越大,释放热量也越多,烟气冷凝余热利用技术正是利用这一现象回收利用余热。在选用冷源时,冷却介质的温度是影响冷凝换热平均温差的主要因素之一,冷凝换热的平均温差越大,冷却介质的温度越低,冷凝效果就越好。采用助燃空气与锅炉给水双冷源模式,注汽锅炉的给水作为冷凝换热的冷却介质,而烟气显热的回收可以采用助燃空气作为冷却介质。需要注意的是,在注汽锅炉上应用烟气冷凝技术,由于将烟温降低至水蒸气露点温度以下,烟气中的酸性气体会溶解在水中,造成酸性腐蚀。因此,要保证烟气冷凝技术在注汽锅炉上的安全应用,必须要解决酸性腐蚀问题。

烟气冷凝换热工艺流程如图5.2所示。注汽锅炉燃烧产生的烟气,从烟囱中排出,先经过空气复合换热器与助燃空气进行换热,换热后的烟气进入高效冷凝换热器,助燃空气送入燃烧器。在高效冷凝换热器中,烟气继续与锅炉给水换热,使烟气中水蒸气发生冷凝,回收冷凝潜热。两次换热后的烟气温度由160～180℃降至40～50℃,最终排到大气中,冷凝水通过冷凝水箱收集回收。

某油田通过改造9台使用清水为介质的燃气注汽锅炉,锅炉给水平均温升33℃,助燃空气平均温升67℃,锅炉给水温度的提升降低了给水预热所需热量,助燃空气的温升在降低燃料消耗量的同时，也保证了更好的燃烧效果，使锅炉效率明显提升，节能率达到了 4%～8%。

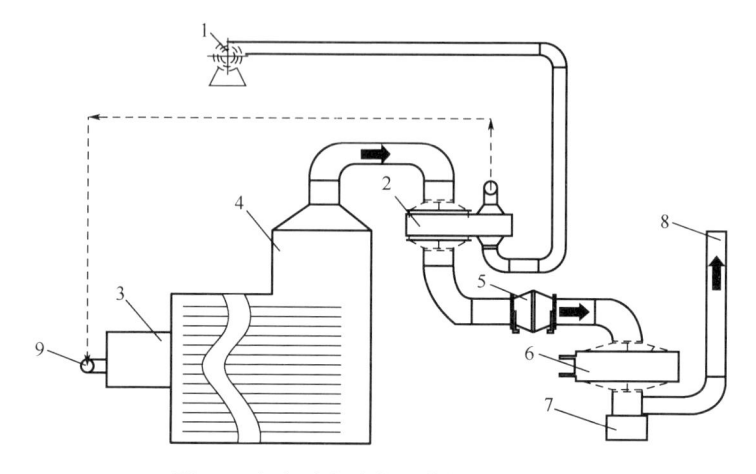

图 5.2　烟气冷凝余热回收技术工艺流程

1—鼓风机；2—空气复合换热器；3—燃烧器；4—对流段；5—引风机；
6—高效冷凝换热器；7—冷凝水箱；8—烟囱；9—热空气进风管

（4）热管空气换热技术。

热管空气换热技术是一项提高稠油注汽锅炉热效率的有效措施，通过一个内部高度真空的、严格密封的热管来操作运行，管内有适量的工质传递热量。在锅炉工作时，管内工质就会吸收锅炉的热量，呈现汽化的状态，因为气体流动至外端时会遇冷空气而凝结，这样不仅很好地加热锅炉助燃空气，而且能提高锅炉的热效率。

注汽锅炉余热利用改造流程如图 5.3 所示。原鼓风机将冷空气经管道输送到热管空气换热器的冷侧，经与热管元件进行热交换，冷空气吸热后流向注汽锅炉炉前的配风管。吸热后的冷空气进入炉内，并与燃料混合助燃，燃油与空气混合燃烧后变成高温烟气，与炉内辐射段、对流段、热管空气换热器的受热端进行热交换。烟气经引风机送到烟囱排入大气。某油田安装热管换热器后，与安装前相比，能耗降低约 2%～3%。

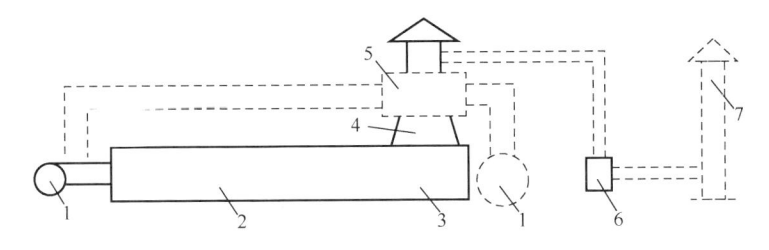

图 5.3　注汽锅炉余热利用改造流程
1—鼓风机；2—辐射段；3—对流段；4—过渡段；
5—换热器；6—引风机；7—烟囱

5.1.1.4　高温辐射涂料

高温辐射涂料节能技术采用一种远红外辐射节能涂料，它由很多液剂构成，主要包括高温辐射材料、高温粘结剂、悬浮剂和稀释剂等。把这种涂料涂抹在炉膛内衬表面上，经高温烘烤后形成一种具有反辐射作用的固化瓷膜，可以起到降低炉壁温度和加速辐射热量传播的目的；把它涂在炉管上可以增强炉管的黑度，并加强炉管吸热程度，提高设备的辐射率。经现场应用，可使注汽锅炉热效率提升约 1.5%。

5.1.2　循环流化床锅炉

根据循环流化床锅炉的技术特点以及热效率影响因素的分析，结合油田生产实践，对循环流化床锅炉提出相应的节能降耗措施。

5.1.2.1　设备改进

循环流化床锅炉的设备改进包括改变炉顶对空排汽方式、改变冷渣器类型、改变引风机调节方式和改进给煤破碎设备等。

（1）改变对空排汽方式：传统的流化床锅炉在点停炉及遇见外界负荷骤然波动时会对空排汽，直接排向大气。通过增设蒸汽蓄能器，将排出的蒸汽或汽水混合物回收并加以利用，既可回收脱盐水，还可利用排出流体的热量，对实现这部分高温高压对空排放蒸汽的回收具有重要作用。

（2）改变冷渣器类型：冷渣器正常运转能保证灰渣的热量被回收利用，减少灰渣物理热损失。同时，冷渣器的正常运转可提高锅炉的连续正常运转时间，减少停炉次数，减少煤、水、电、油消耗。目前常用的风水联合冷渣器，由于风量不均或风帽堵塞，灰渣量大时二次燃烧现象及部分热量为冷风带走并未加以利用，其使用效果不佳。选用滚筒式冷渣器，内部冷却水为锅炉除盐水，能更合理利用灰渣热能，降低排渣温度，减少维护工作量和费用，具有明显经济效益。

（3）改变引风机调节方式：通过变频调速提高引风机调节性能与低负荷下引风机的效率，降低引风机挡板节流损失，能有效降低锅炉引风机的耗电量。

（4）改进给煤破碎设备：为保证燃烧工况，一要原煤在进入破碎、筛分系统前需充分干燥；二要及时对破碎后的燃料进行颗粒分析，并调整碎煤机的工作。燃料制备系统加装滚筒筛，对入炉煤进行筛分，将不合格粒径的大块除掉，将入炉煤粒径有效控制在规定范围内。

5.1.2.2 参数优化

循环流化床锅炉的参数优化包括锅炉床温、风量及含氧量、蒸汽质量、排烟温度和灰渣含碳量等参数的优化。

（1）锅炉床温：是流化床锅炉最重要的控制参数之一，根据负荷和煤质的变化，及时调整给煤量，并保持合适风煤比和料层厚度，使床温维持在最佳的范围内。床温高低将影响锅炉的燃烧效率、热效率、脱硫效率及安全运行，温度控制与燃料特性有关。

5 稠油注汽系统节能提效措施

在保证燃料燃烧工况的情况下，要控制并保证床层不结焦。如果煤质较好，可以将燃料温度适当提高，增大内循环回路的燃烧效率。运行中锅炉负荷发生变动时，要及时按变化趋势相应调整给煤量，多种调节方法相配合。维持正常的汽压和床温，同时做到勤调整和微调整，避免床温的波动；根据煤种批次不同和相应化验数据，及时调整风煤配比，保证床温稳定。

（2）风量及含氧量：流化床锅炉的特殊构造对于风量的准确性要求很高，除了保证燃烧中合适的风煤配比，还应注意控制炉膛中过量空气系数。烟道出口的氧量是控制飞灰可燃物含量在额定范围内的重要参数，一般应控制在 3%~5%。日常通过目测火焰颜色来判断燃烧状况与送风量高低时，可参考表 5.1 的描述。

表 5.1 火焰颜色与送风量的关系

火焰颜色	刺眼亮白色	亮黄色	暗黄或暗红色
送风量	过大	适中	过小

在保证进风量、出口含氧量准确的情况下，使锅炉尽可能地运行在经济运行状态下。

（3）蒸汽质量：蒸汽压力变化速度过大，不仅使蒸汽质量产生较大波动，还会使水循环恶化，影响锅炉安全和经济运行，因此要保证过热蒸汽的工作压力相对稳定。可提高热自动控制系统投入率，还可通过增加锅炉屏式受热面积来提高锅炉主蒸汽温度。

（4）排烟温度：是锅炉运行中可控的一个综合性指标，主要取决于锅炉燃烧状况以及各段受热面的换热状况。保持各段受热面的清洁和提高受热面换热能力，及时清除受热面积灰，保证人孔门和保温层的严密性，合理控制氧量，是防止排烟温度异常、保证锅炉经济运行的根本措施。

（5）灰渣含碳量：与燃煤特性、煤粒大小、炉膛温度、物料循环程度、风煤配比等有关。在运行过程中,尽可能针对所燃用的煤种,合理调节碎煤机出口的分离效率,保证循环燃烧,提高燃尽程度。主要措施如下:

① 合理设置一、二次风配比,在保证流化前提下,尽量减少一次风,增加二次风;

② 在流化良好、排渣正常情况下,适当提高炉床差压,加强煤炭破碎设备维护;

③ 选择合适的返料风压,保证旋风分离器的分离效率;

④ 适当提高床温,控制在 900℃左右。

5.1.3 链条炉排锅炉

根据链条炉排锅炉的技术特点以及热效率影响因素的分析,结合油田生产实践,对链条炉排锅炉提出相应的节能提效措施。

5.1.3.1 节能改造措施

链条炉排锅炉的节能改造措施主要包括布煤技术改进、控制煤燃烧层厚度和蒸汽蓄热技术等。

(1) 布煤技术改进。

正转链条炉排锅炉采用机械联合输送布煤的传统方式。煤层通风不均、火床的燃烧不匀以及燃烧工况不佳导致出现了锅炉出力不足、不适应负荷变化、炉排漏煤量大、炉渣含碳量高及锅炉热效率低等一系列问题。采用分层布煤技术、均匀混合分层技术和锥形悬浮燃烧布煤技术可有效改进链条炉排锅炉布煤效果。

某油田在对原锅炉的布煤装置进行技术改造时,拆除锅炉原有的布煤装置,安装新的均匀混合分层燃烧技术装置,并且增加锥形悬浮燃烧技术。运行后解决了锅炉燃烧工况差的问题,炉渣含碳量和炉渣温度比改造前大幅下降,炉渣含碳量由原来的 19.34%下降为 8.48%,炉渣温度下降 10℃,鼓引风量下降 30%,使锅炉运行效率提高,达到了节能减排的目的。

5 稠油注汽系统节能提效措施

① 分层布煤技术。

分层布煤技术是将传统布煤装置的阀门斗改为辊筒带煤撒落,经过筛分后将块煤布在炉排的下方,而末煤则布在炉排的上方。块煤上小下大,并使煤层松散有利于通风,其效果图如图 5.4 所示。

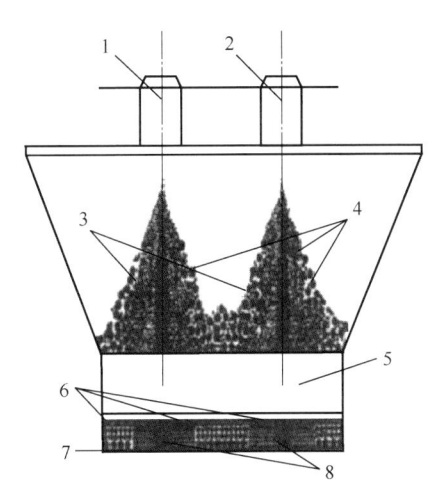

图 5.4 分层布煤技术效果图

1—水平输煤带式输送机;2—落煤口;3—碎煤与末煤集中区;4—块煤集中区;
5—块煤上小下大分层布煤区;6—分层给煤器;7—炉排面;
8—末煤上细下粗分层布煤区

② 均匀混合分层技术。

均匀混合分层燃烧布煤技术是将锅炉混煤器与分层布煤器配套使用,二者相辅相成。传统的机械联合输送由于布煤方式形成煤块和末煤分离、煤层通风阻力不均,从而影响燃烧工况。均匀混合分层技术是解决该问题的有效途径,其效果图如图 5.5 所示。

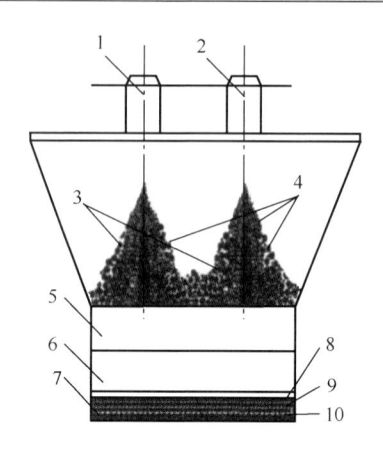

图 5.5 均匀混合分层技术效果图

1—水平输煤带式输送机；2—落煤口；3—碎煤/末煤集中区；4—块煤集中区；

5—锅炉混煤器；6—分层给煤器；7—炉排面；8—末煤区；

9—中块煤层；10—大块煤层

③ 锥形悬浮燃烧布煤技术。

在均匀混合分层燃烧布煤的基础上，在炉排上实现纵向和横向分垄布煤，就形成了锥形悬浮燃烧布煤技术。

（2）蒸汽蓄热技术。

蒸汽蓄热器是利用水的蓄热能力把热能储存起来的一种装置。当蒸汽的使用量减少时，将过剩的蒸汽通过蓄热器蓄热，提高蓄热器内的水温和压力，直至蓄热器额定压力下的饱和温度，完成热能的储存。当蒸汽的使用量增大时，采用蓄热器进行供汽，通过蓄热器释放出储存在蓄热容器内的热能。从而实现锅炉的运行负荷基本稳定，经济运行。

5.1.3.2 运行优化

链条炉排锅炉的运行优化包括合理布置二次风装置、分段配风、激波吹灰节能技术、控制煤燃烧层厚度、高效燃烧及洁净排

5 稠油注汽系统节能提效措施

放技术。

（1）合理布置二次风装置。

二次风可以加强炉内流动，增强气体混合，利于加热新煤，促使焦炭进一步燃尽，减少炉膛死角的涡流区，防止结渣和积灰。所以，二次风的作用不在于补充空气。可用空气，也可用高温烟气或蒸汽作为工质。

（2）分段配风。

一般链条炉配风的优化，都采用"两端少、中间多"的分段配风方式，即把炉排下的风室沿长度方向分成几段，互相隔开做成多个独立的小风室。每个小风室各自装设调节风门，可以按燃烧的实际需要调节和配给不同的风量。显然，分段越多，供给的空气越符合煤的燃烧需要，只是配风结构会因此而过于复杂。

采取分区配风后，锅炉前后端的送风量可大幅度调小，有效降低炉膛中总的过量空气系数，既保持炉膛高温，又减少排烟损失；需氧最多的中段主燃区也可及时得到更多氧气补给。

（3）激波吹灰节能技术。

工业锅炉必须定期对各受热面的积灰进行处理。锅炉各受热面积灰的存在，不仅减弱工质与炉膛的热交换，降低锅炉的热效率，而且锅炉尾部受热面积灰会增大烟气的流动阻力，使排烟温度升高，影响锅炉的稳定运行，严重时还会导致停机停炉。激波吹灰作为先进的除灰技术，其基本原理是通过可燃气体（如氢气、乙炔气、煤气等）与空气或氧气以适当的比例混合，由高能火花塞瞬间引燃产生爆炸，利用具有可控强度和形状的激波对受热面进行除灰，相对于传统的吹灰技术具有显著的节能效果。

（4）控制煤层厚度。

根据煤种、煤质以及颗粒度的异同，煤层厚度一般控制在100～150mm。粘结性烟煤宜薄。无烟煤和贫煤略厚，使燃烧层蓄热量大，有利于着火、燃尽。高挥发分煤层要薄而供给速度要快，以减少燃烧层上方气体成分沿炉排长度方向的不均匀性，有利于可燃气体在炉膛内燃尽。反之，对高水分的劣煤，宜层厚且炉排速度放慢，这样既可保证前端着火稳定，又可减少未燃尽焦渣排入渣斗。

（5）高效燃烧及洁净排放技术。

国内链条炉排锅炉存在的问题主要有两个方面：一是锅炉热效率与运行出力过低；二是锅炉污染物排放无法达到国家或地方环保标准。高效燃烧改造技术有层燃技术、炉拱优化技术、分段配风技术等。洁净排放技术改造包括除尘技术改造以及脱硫技术改造。通过技术改造，在提高锅炉燃烧效率的同时，可大大降低污染物的排放。

5.2 注汽管网节能提效措施

针对注汽管网设计、运行参数等，注汽管道的节能措施主要包括保温材料优选、保温结构优化、支架保温和热力补偿器优选，以及通过管网及站场布局优化缩短注汽管道长度，从源头节能。

5.2.1 保温材料优选

在保温材料选择上，优选导热系数低、绝热性能好、高温下不变形、较大弹性形变、防水等性能的材料。

稠油注汽管道地处野外，不但经受冬冷夏热、日晒雨淋、风吹雨打、大气腐蚀、外力冲击及火烧等侵袭，而且管道振动、膨胀伸缩频繁。保温材料滑移、下沉严重，在弯头、膨胀湾等部位破损严重，保温效果差。

目前注汽管道常用保温材料为纳米气凝胶毯和复合硅酸盐毡，其中纳米气凝胶毯是一种轻质二氧化硅非晶态材料，常温下导热系数小于 0.025W/(m·K)，温度范围为-200~650℃，具有"透气不透水"特性，憎水性好，阻燃性能优良，质地柔软，弹性好；复合硅酸盐毡为高温发泡而成的柔性保温材料，具有良好的弹性、耐温性（800℃），70℃时导热系数低至 0.044W/(m·K)。实践表明，采用纳米气凝胶及复合硅酸盐涂料作为保温材料的油田注气管线在直管段处未发现漏热点，在弯头处仅存在少量的漏热点，保温效果较好。

5.2.2 保温结构优化

原有注汽管道的保温结构适应性差，采用单一材料，难以保持结构稳定；软、硬保温材料搭配不合理，保温结构抗震、抗挤压能力弱；采用的周向等厚结构，有违热损非均匀分布规律。保温结构不合理也是注汽管道热损高的主要原因之一。

现在大多采用的复合反射式保温结构，选用复合硅酸盐板或纳米气凝胶为主体保温材料，复合铝箔作热反射层，外包镀锌铁皮作保护层。通过保温材料的优选和保温工艺的优化可最大限度地确保保温结构的完整和密封性能，有效隔绝热能传递。同时，新材料对弯头、三通等异型件保温的薄弱环节也有较好的适应性。

5.2.3 支架保温

支架是注汽管道的重要组成部分，目前油田在注汽管道上使用的支架大部分是普通支架，支架散热损失较大。在管道支架保温方面，可选用分别适用于固定式和活动式保温支架，将注汽管道与金属支架间的热传递隔绝，如图 5.6 所示。

保温支架是由两个半径与蒸汽管道相配的半圆形卡箍与支撑板组成，在半圆形卡箍与蒸汽管道之间内衬有微孔硅酸钙保温材料，有效隔绝支撑板与高温注汽管道之间的热传递，大大降低了支架向大气的传热。某厂对注汽管道的普通支架进行了改造，并对改造前后的支架散热损失进行了节能效果对比测试。发现与普通支架相比，保温支架的热损失比普通支架减少约90%，支架散热损失占管网散热损失比例由18.5%降低至2.3%。

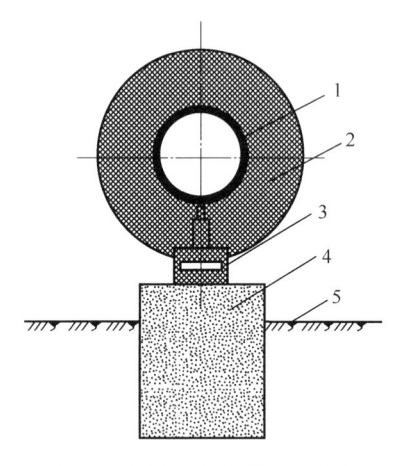

图 5.6 管线支架保温方式设计

1—蒸汽管线；2—管线保温层；3—管支座；4—管支墩；5—自然地坪

（1）隔热板：可采用绝热性能较好、耐高温高压的 XB450 橡胶石棉板，导热系数为 0.1743W/(m·K)，工作温度不大于 400℃，老化系数为 0.9，耐压不大于 6MPa。

（2）隔热支架：与金属焊接管道支架支架相比，隔热支架（图 5.7）采用优良隔热材料，绝热效果好。通过阻断方式，避免热量向支架传递。滑动支架只需拧动一个螺母即可安装、拆卸。隔热滑动支墩的安装无须焊接管道，克服了热量散失和焊接带来的成本与风险，并允许一定程度的横向滑动，限制其摆动，减少对管线的损害。

该隔热支架结合高温管道保温要求，采取了三方面的阻热措施：

5 稠油注汽系统节能提效措施

图 5.7 JRZJ 型注汽管道隔热支架

① 在蒸汽管道与管卡之间,采用复合橡胶石棉板阻热;
② 在支架顶杆与底盘接触面之间,采用隔热板阻热;
③ 在底盘中空部位填充隔热材料,避免支架顶杆的底部热散失。

5.2.4 热力补偿器优选

油田注汽管道常用热补偿为 π 形补偿器,制造、安装较为方便,但使注汽管道的实际长度增大了 20%,同时由于弯头数量多,增大了局部阻力,热损失相应增大。另外,管线工作时弯头处变形较大,无法利用硬质保温材料进行保温施工,只能利用复合硅酸盐毡现场缠绕处理,难以保证良好的保温效果。使用新型的旋转式补偿器,补偿距离长,可有效减少注汽管道压力损失及热损失。以 DN100 注汽管道为例,采用旋转补偿器后可使注汽管道热损失减少 17.1kW/km,管线压力损失减少 17.9%左右。旋转式补偿器结构如图 5.8 所示。旋转式补偿器与 π 形补偿器综合对比结果见表 5.2。此外,旋转补偿器的使用还可减少管道的弯头数量,从而减少管道弯头部分的散热损失。

表 5.2　旋转式补偿器与 π 形补偿器综合对比

管径 mm	输送蒸汽量 t/h	补偿器类型	主材 m/km	压力损失 MPa/km	年平均热损失 kW/km
DN100	22.5	π 形补偿器	1187	2.79	128.20
		旋转式补偿器	1030	2.29	111.24
DN150	45	π 形补偿器	1207	2.85	178.81
		旋转式补偿器	1030	2.32	155.15
DN300	130	π 形补偿器	1307	1.98	365.48
		旋转式补偿器	1030	1.23	317.13

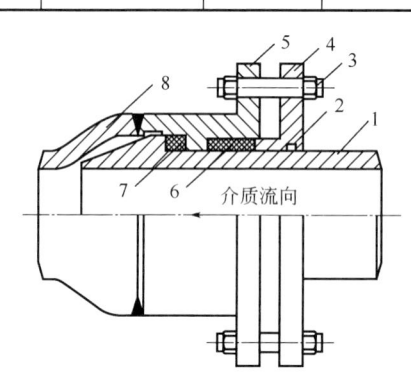

图 5.8　旋转式补偿器的结构

1—旋转管；2—减摩定心轴承；3—压紧螺栓；4—密封压盖；5—密封座；

6—密封材料；7—减摩定心轴承或密封材料；8—大小头

5.3　注汽井筒节能提效措施

为减少注汽井筒散热损失，根据多年来的现场实践和理论分析，针对注汽参数、井筒隔热结构等提出了相应的节能提效措施。

5.3.1 优化注汽参数

注汽井筒优化注汽参数包括增加注汽速度、适当降低注汽压力和全密闭注汽隔热工艺。

（1）增加注汽速度。

井筒热损失率就是沿井筒损失的热量与注入总热量的比值，作为分子的热损失基本上可视为定值。在吸汽能力较强时，注入压力增加不大的情况下，适当增加注汽速度，可降低井筒热损失率。由于油田已有相当一批多轮次后地层压力下降较大的注汽井，且已有相当多的水平井，其吸汽能力已有较大的提高，是可以提高注汽速度的。按照"地面服从地下"的原则，对注汽站可适当增加配汽计量阀组和流程，来满足较高的注汽速度。

（2）适当降低注汽压力。

随着深层稠油、特超稠油和边际稠油的开发，会出现吸汽能力差，注汽压力高的问题，由此带来注汽干度低，注汽质量差、开发效果差的结果。面对这一问题，有两种解决思路：一是研制亚临界锅炉、超临界锅炉，提高井口注汽压力到20~25MPa，从而提高注入压差，实现设计的注入速度和干度；二是设法从储层入手，提高该井的吸汽能力，在井口注入压力不增加下，实现设计的注入速度和干度。

实际研究表明，在干度高、比容大、比焓高的优势条件下，低压力下注汽的热波及体积大的优势会大大显露出来，其吞吐效果自然会好很多。原因是比容和潜热这两个重要参数都随着压力的降低而增大。

（3）全密闭注汽隔热工艺。

注汽井筒配套全密闭注汽隔热工艺，使井筒热效率达到90%以上，满足深层稠油油藏蒸汽驱和蒸汽吞吐的要求。

5.3.2 隔热管比选

注汽井筒隔热管比选包括比较隔热管级别、提高隔热性能和采用组合工艺隔热等。

（1）隔热管级别。

依据现有隔热油管分级，选择的隔热管级别越高，井筒热损失越小，但除普通钢管外，A级以上隔热管热损失差别不大。

（2）提高隔热性能。

① 对于真空隔热管而言，应改进抽真空工艺，包括抽真空后的封口工艺，使隔热管的视导热系数 λ_e 小于 0.03W/(m·℃)，则由井口到井底的蒸汽干度降低值可控制在 10 个百分点以内。

② 改进隔热管内防辐射换热结构，降低辐射换热。

③ 研制便于施工的保温接箍。未保温的接箍散热强度达 1.3 kW/m 以上，是隔热管的 3～5 倍。另外，接箍保温不仅可以减少热损，而且还可以防止套管升温，降低套管的热应力破坏程度。

（3）组合工艺隔热。

配套热敏封隔器和氮气气举隔热技术能使注汽热效率得到进一步提高。采用隔热管＋热胀补偿器＋注汽封隔器+环空水柱或气柱的隔热方式。防止大量的热量上返，保护套管，提高热采效果。

参考文献

[1] 于连东. 世界稠油资源的分布及其开采技术的现状与展望 [J]. 特种油气藏, 2001, 8 (2): 98-103.

[2] 马洪新, 李刚, 尚小东, 等. 稠油开采技术研究现状 [J]. 内蒙古石油化工, 2009 (8): 219-220.

[3] 付喜庆. 稠油开采国内外现状及开发技术 [J]. 内蒙古石油化工, 2014 (1): 109-110.

[4] 栾锡武. 世界油气资源现状与未来发展方向 [J]. 中国地质调查, 2016, 3 (2): 1-9.

[5] 李秀娟. 国内外稠油资源的分类评价方法 [J]. 内蒙古石油化工, 2008, 34 (21): 61-62.

[6] 武占. 油田注汽锅炉 [M]. 上海: 上海交通大学出版社, 2008.

[7] 张杰, 张轮亭, 杨中成, 等. 稠油热采用注汽锅炉现状及展望 [J]. 工业加热, 2016, 45 (3): 61-63.

[8] 刘广鑫, 吴明, 贾冯睿, 等. 油田注汽锅炉操作参数对热效率的影响 [J]. 工业加热, 2014, 43 (3): 13-15.

[9] 刘慧卿. 热力采油原理与设计 [M]. 石油工业出版社, 2013: 147-148.

[10] 张方礼, 刘其成, 刘宝良. 稠油开发实验技术与应用 [M]. 北京: 石油工业出版社, 2007: 165-168.

[11] 刘广鑫, 吴明, 贾冯睿, 等. 热力采油过程中注汽锅炉操作参数热力学分析 [J]. 工业加热, 2014, 43 (4): 9-11.

[12] 穆剑. 油气田节能监测工作手册 [M]. 北京: 石油工业出版社, 2013.

[13] 吴永宁, 周英, 赵晶晶, 等. 燃油（气）注汽锅炉 [J]. 石油科技论坛, 2014, 33 (2): 65-67.

[14] 周英, 侯君, 赵艳春, 等. 油田燃油（气）注汽锅炉 [J]. 石油科技论坛, 2017, 36 (zl): 120-123.

[15] 徐旭常. 燃烧技术手册 [M]. 北京: 化学工业出版社, 2008.

[16] 佟海松. 地面注蒸汽管线蒸汽干度研究及布网方式 [J]. 油气田地面工程, 2013, 32 (1): 26-27.

[17] 韩允祉, 盖平原, 张紫军, 等. 深层稠油超临界压力注汽管柱设计 [J]. 石油钻探技术, 2005, 33 (3): 64-65.

[18] 马建国. 油气田节能监测作业指导书 [M]. 北京: 石油工业出版社, 2016.

[19] 刘文波, 张艳臣. 链条锅炉热力测试及分析 [J]. 黑龙江造纸, 2002, 30 (2): 12-13.

[20] 孙彦峰. 新疆油田注汽管线保温现状分析研究 [J]. 石油石化节能, 2016, 6 (12): 8-11.

[21] 曾玉强, 李晓平, 陈礼, 等. 注蒸汽开发稠油油藏中的井筒热损失分析 [J]. 钻采工艺, 2006, 29 (4): 44-46.

[22] 徐小双. 蒸汽吞吐井的建模计算与实现 [D]. 华中科技大学, 2004.

[23] 于晓光. 注汽锅炉能耗损失分析及节能技术研究 [J]. 中国科技博览, 2015 (1): 365.

[24] 安施展. 循环流化床锅炉排烟热损失的研究与优化 [J]. 低碳世界, 2014 (14): 91-92.

[25] 王绍辉, 张颖, 高建强. 450t/h CFB 锅炉机械不完全燃烧热损失原因分析及防范措施 [J]. 河北电力技术, 2010, 29 (5): 35-37.

[26] 欧凤林, 欧阳勃, 吴颖, 等. 链条锅炉节能潜力探析 [J]. 化工管理, 2017 (10): 126-127.

[27] 杨清玲. 稠油热采地面管线蒸汽热力参数计算及影响因素分析 [J]. 石油工业技术监督, 2016, 32 (9): 50-52.

[28] 张军涛, 李波, 徐全保, 等. 蒸汽驱注蒸汽井筒热损失分析 [J]. 中国石油和化工, 2012 (1): 55-57.

[29] 胡常忠. 稠油开采技术 [M]. 北京: 石油工业出版社, 1998.

[30] 周孔连. 蒸汽吞吐井筒热损失因素探讨与改进 [J]. 科技促进发展, 2011 (2): 166.

[31] 徐雪峰. 蒸汽驱注蒸汽井筒热损失分析 [J]. 化工管理, 2015 (3): 167.

[32] 师耀利，杜殿发，刘庆梅，等．考虑蒸汽相变的注过热蒸汽井筒压降和热损失计算模型［J］．新疆石油地质，2012（6）：723-726．

[33] 秦健飞，赵琳．井口注汽参数对井底热蒸汽干度的影响研究［J］．内蒙古石油化工，2015（22）：107-110．

[34] 黄宇．油田注汽锅炉保温技术［J］．中国科技信息，2009（10）：77-78．

[35] 刘海密．油田注汽锅炉炉衬保温工艺研究［J］．设备管理与维修，2006（10）25．

[36] 赵海谦，刘晓燕，刘立君，等．热采锅炉新型保温结构［J］．油气田地面工程，2010，29（5）：33-34．

[37] 吴永宁．热采注汽锅炉保温结构效果测试与问题分析［J］．油气田地面工程，2009，28（8）：7-9．

[38] 冉刻，周涛．循环流化床节能降耗措施研究［J］．山东电力技术，2010（5）：45-48．

[39] 张竑斌，高宏宇，韩志辉，等．某卷烟厂锅炉运行现状及其节能潜力分析［J］．工业锅炉，2017（1）：58-61．

[40] 王逸飞．工业锅炉节能技术研究综述［J］．应用能源技术，2016（7）：25-28．

[41] 孙敬伟．从严注汽过程管理提高锅炉注汽干度［J］．计量与测试技术，2015，42（1）：32-33．

[42] 孙运生，胡筱波，侯文刚，等．过热注汽管线优化方式探讨［J］．油气田地面工程，2016，35（6）：31-33．

[43] 周波．蒸汽管线管托热损失技术分析与对策［J］．全面腐蚀控制，2010，24（9）：28-31．

[44] 李丹丹，晏永飞，陈保东，等．稠油热采注蒸汽分配器的流场数值模拟［J］．辽宁石油化工大学学报，2016，36（5）：33-37．

[45] 衣怀峰，韩春雨，张建国，等．稠油热采注汽管线新型节能保温材料［J］．石油石化节能，2011，1（1）：16-18．

[46] 胡智勉．确定注蒸汽（热水）井井筒总传热系数的工程方法［J］．石油钻采工艺，1985（2）：55-62．

附录 A 锅炉试验数据综合表

锅炉试验数据综合表见表 A.1。

表 A.1 锅炉试验数据综合表

序号	名称	符号	单位	计算公式或数据来源	试验或计算数据	
					工况 I	工况 II
（一）燃料特性							
固体燃料、液体燃料							
1	收到基碳	C_{ar}	%	化验数据		
2	收到基氢	H_{ar}	%	化验数据		
3	收到基氧	O_{ar}	%	化验数据		
4	收到基硫	S_{ar}	%	化验数据		
5	收到基氮	N_{ar}	%	化验数据		
6	收到基灰分	A_{ar}	%	化验数据		
7	收到基水分	M_{ar}	%	化验数据		

— 168 —

附录 A 锅炉试验数据综合表

续表

序号	名称	符号	单位	计算公式或数据来源	试验或设计数据 工况 I	试验或设计数据 工况 II
8	干燥无灰基挥发分	V_{def}	%	化验数据		
9	收到基低位发热量	$Q_{net,ar}$	kJ/kg	化验数据		
10	煤粉细度	R_{70}	%	化验数据		
11	进油温度	t_y	℃	化验数据		
12	燃油含水率	$M_{ar,fo}$	%	化验数据		
13	燃油密度	ρ_{fo}	kg/m³	化验数据		
14	燃油收到基低位发热量	$(Q_{net,v,ar})_{fo}$	kJ/kg	化验数据		
气体燃料
15	收到基甲烷	CH_4	%	化验数据		
16	收到基乙烷	C_2H_6	%	化验数据		
17	收到基丙烷	C_3H_8	%	化验数据		
18	收到基丁烷	C_4H_{10}	%	化验数据		
19	收到基戊烷	C_5H_{12}	%	化验数据		
20	收到基氢气	H_2	%	化验数据		

续表

序号	名称	符号	单位	计算公式或数据来源	试验或计算数据 工况Ⅰ	试验或计算数据 工况Ⅱ
21	收到基氧气	O_2	%	化验数据		
22	收到基氮气	N_2	%	化验数据		
23	收到基一氧化碳	CO	%	化验数据		
24	收到基二氧化碳	CO_2	%	化验数据		
25	收到基硫化氢	H_2S	%	化验数据		
26	收到基不饱和烃	$\sum C_m H_n$	%	化验数据		
27	气体燃料含水分	M_w	g/m³	化验数据（或查表）		
28	气体燃料含灰量	μ_{as}	g/m³	化验数据		
29	容积成分之和	$\sum K_i$	%	$\sum K_i = CH_4 + C_2H_6 + \cdots + H_2 + O_2 + N_2 + \cdots + \sum C_m H_n + \dfrac{M_w}{804} + \dfrac{C_m H_n}{100}$		
30	干气体燃料密度	ρ_d	kg/m³	$\rho_d = 0.0125(CO + N_2) + 0.0009H_2 + \sum(0.54m + 0.045n) + 0.0152H_2S + 0.0197CO_2 + 0.01430_2$		

— 170 —

附录A 锅炉试验数据综合表

续表

序号	名称	符号	单位	计算公式或数据来源	试验或计算数据 工况I	试验或计算数据 工况II
31	收到基密度	ρ_{ar}	kg/m³	$\rho_{ar} = \rho_d + \dfrac{M_w + \mu_{as}}{1000}$		
32	收到基低位发热量	$(Q_{net,v,ar})_g$	kJ/m³	$(Q_{net,v,ar})_g = \sum_{i=1}^{l} \dfrac{K_i}{100}(Q_{net,v,ar}^d) / \left(1 + \dfrac{M_w}{104}\right)$,或化验数据		

(二) 锅炉正平衡效率计算

序号	名称	符号	单位	计算公式或数据来源	工况I	工况II
33	给水流量	D_{fw}	kg/h	化验数据		
34	过热蒸汽流量	D_s	kg/h	化验数据		
35	自用蒸汽流量	D_{pu}	kg/h	化验数据		
36	测量蒸汽湿度时的锅水取样量	G_{Hum}	kg/h	化验数据		
37	测量蒸汽湿度时的蒸汽取样量	G_s	kg/h	化验数据		
38	输出蒸汽量	D_{out}	kg/h	$D_{out} = D_{fw} - G_{Hum}$ 或 D_s		
39	蒸汽压力（表压）	p	MPa	试验数据		
40	过热蒸汽温度	$t_{st,sh,lv}$	℃	试验数据		
41	过热蒸汽焓	$h_{st,sh,lv}$	kJ/kg	查表		

— 171 —

续表

序号	名称	符号	单位	计算公式或数据来源	试验或计算数据	
					工况 I	工况 II
42	饱和蒸汽焓	h_{bq}	kJ/kg	查表		
43	自用蒸汽焓	h_{pu}	kJ/kg	查表		
44	饱和蒸汽湿度	ω	%	试验数据		
45	过热蒸汽含盐量	$S_{st,RH,lv}$	μg/kg	试验数据		
46	汽化潜热	γ	kJ/kg	查表		
47	给水温度	t_{fw}	℃	试验数据		
48	给水压力	p_{fw}	MPa	试验数据		
49	给水焓	h_{fw}	kJ/kg	查表		
50	热水（有机热载体）锅炉工质循环流量	G	kg/h	试验数据		
51	热水（有机热载体）锅炉进口工质温度	$t_{fw,h}$	℃	试验数据		
52	热水（有机热载体）锅炉出口工质温度	t_{ow}	℃	试验数据		
53	热水（有机热载体）锅炉进口工质压力	$P_{fw,h}$	MPa	试验数据		

附录 A 锅炉试验数据综合表

续表

序号	名称	符号	单位	计算公式或数据来源	试验或计算数据 工况 I	试验或计算数据 工况 II
54	热水（有机热载体）锅炉出口工质压力	P_{ow}	MPa	试验数据		
55	热水（有机热载体）锅炉进口工质焓	$h_{fw,h}$	kJ/kg	查表		
56	热水（有机热载体）锅炉出口工质焓	h_{ow}	kJ/kg	查表		
57	热水（有机热载体）锅炉输出热量	Q_{act}	MW	$Q_{act} = \dfrac{1}{36} G(h_{ow} - h_{fw,h}) \times 10^{-5}$		
58	燃料消耗量	B	kg/h m³/h	试验数据		
59	燃料物理热	Q_f	kJ/kg kJ/m³	试验数据		
60	加热燃料或燃料以外来热量	Q_{ex}	kJ/kg kJ/m³	试验数据		
61	自用蒸汽带入热量	Q_{pu}	kJ/kg	计算数据		
62	输入热量	Q_{in}	kJ/kg	$Q_{in} = Q_{net,v,ar} + Q_{ex} + Q_f + Q_{pu}$		

— 173 —

续表

序号	名称	符号	单位	计算公式或数据来源	试验或计算数据 工况Ⅰ	工况Ⅱ
63	正平衡效率	η_1	%	饱和蒸汽锅炉： $\eta_1 = \dfrac{D_{fw}\left(h_{sat,st} - h_{fw} - \dfrac{r\omega}{100}\right) - G_{Hum} r}{BQ_{in}} \times 100\%$ 过热蒸汽锅炉测量给水流量时： $\eta_1 = \dfrac{D_{fw}(h_{st,sh,lv} - h_{fw}) - G_{Hum}(h_{st,sh,lv} - h_{sat,st} + r)}{BQ_{in}} \times 100\%$ 过热蒸汽锅炉测量过热蒸汽流量时： $\eta_1 = \dfrac{(D_{out} + G_s)(h_{st,sh,lv} - h_{fw}) + D_{pu}\left(h_{sat,st} - h_{fw} - \dfrac{r\omega}{100}\right) + G_{Hum}(h_{sat,st} - \gamma - h_{fw})}{BQ_{in}} \times 100\%$ 过热蒸汽锅炉测量过热蒸汽流量，自用蒸汽为过热蒸汽时： $\eta_1 = \dfrac{(h_{pu} - h_{fw}) + D_{pu}(h_{pu} - h_{fw}) + G_{Hum}(h_{sat,st} - \gamma - h_{fw})}{BQ_{in}} \times 100\%$ 热水（热载体）锅炉： $\eta_1 = \dfrac{G(h_{rw} - h_{rw,h})}{BQ_{in}} \times 100\%$		

附录 A 锅炉试验数据综合表

续表

序号	名称	符号	单位	计算公式或数据来源	试验或计算数据 工况 I	试验或计算数据 工况 II
63	正平衡效率	η_1	%	电加热锅炉输出饱和蒸汽时： $$\eta_1 = \frac{D_{fw}\left(h_{sat,st} - h_{fw} - \frac{y\alpha}{100}\right) - G_{hum} r}{3600N} \times 100\%;$$ 电加热锅炉输出热水时： $$\eta_1 = \frac{G(h_{ow} - h_{w,b})}{3600N} \times 100\%$$		
				（三）锅炉反平衡效率		
64	炉渣淋水后含水量	M_s	%	化验数据		
65	湿炉渣质量	G_{sl}^{hum}	kg/h	试验数据		
66	炉渣质量	G_{sl}	kg/h	$G_{sl} = G_{sl}^{hum}\left(1 - \dfrac{M_s}{100}\right)$		
67	漏煤质量	G_{cl}	kg/h	试验数据		
68	烟道灰质量	G_{pd}	kg/h	试验数据		
69	溢流灰质量	G_{oa}	kg/h	试验数据		
70	冷灰质量	G_{ca}	kg/h	试验数据		
71	循环灰质量	G_{rec}	kg/h	试验数据		

续表

序号	名称	符号	单位	计算公式或数据来源	试验或计算数据 工况 I	试验或计算数据 工况 II
72	炉渣可燃物含量	C_s	%	试验数据		
73	漏煤可燃物含量	C_{cl}	%	试验数据		
74	烟道灰可燃物含量	C_{pd}	%	试验数据		
75	溢流灰可燃物含量	C_{oa}	%	试验数据		
76	冷灰可燃物含量	C_{ca}	%	试验数据		
77	循环灰可燃物含量	C_{rec}	kg/h	试验数据		
78	飞灰可燃物含量	C_{as}	%	试验数据		
79	炉渣含灰量占入炉煤总灰量的质量分数	α_s	%	$\alpha_s = \dfrac{G_{sl}(100-C_s)}{BA_{ar}} \times 100$		
80	漏煤含灰量占入炉煤总灰量的质量分数	α_{cl}	%	$\alpha_{cl} = \dfrac{G_{cl}(100-C_{cl})}{BA_{ar}} \times 100$		
81	烟道灰含灰量占入炉煤总灰量的质量分数	α_{pd}	%	$\alpha_{pd} = \dfrac{G_{pd}(100-C_{pd})}{BA_{ar}} \times 100$		

附录A 锅炉试验数据综合表

续表

序号	名称	符号	单位	计算公式或数据来源	试验或计算数据 工况I	工况II
82	溢流灰含灰量占入炉煤总灰量的质量分数	α_{oa}	%	$\alpha_{oa} = \dfrac{G_{oa}(100-C_{oa})}{BA_{ar}} \times 100$		
83	冷灰总灰量占入炉煤总灰量的质量分数	α_{ca}	%	$\alpha_{ca} = \dfrac{G_{ca}(100-C_{ca})}{BA_{ar}} \times 100$		
84	循环灰总灰量占入炉煤总灰量的质量分数	α_{rec}	%	$\alpha_{rec} = \dfrac{G_{rec}(100-C_{rec})}{BA_{ar}} \times 100$		
85	飞灰总灰量占入炉煤总灰量的质量分数	α_{as}	%	$\alpha_{as} = 100-(\alpha_{s}+\alpha_{cl}+\alpha_{pd}+\alpha_{oa}+\alpha_{rec}+\alpha_{ca})$		
86	固体不完全燃烧热损失	q_4	%	$q_4 = \left(\alpha_s \dfrac{C_s}{100-C_s} + \alpha_{cl} \dfrac{C_{cl}}{100-C_{cl}} + \alpha_{pd} \dfrac{C_{pd}}{100-C_{pd}} + \alpha_{oa} \dfrac{C_{oa}}{100-C_{oa}} \right.$ $\left. + \alpha_{ca} \dfrac{C_{ca}}{100-C_{ca}} + \alpha_{rec} \dfrac{C_{rec}}{100-C_{rec}} + \alpha_{as} \dfrac{C_{as}}{100-C_{as}} \right) \times \dfrac{328.664 A_{ar}}{Q_{in}}$		
87	排烟处 RO_2（即 CO_2+SO_2）	RO'_2	%	试验数据		

— 177 —

续表

序号	名称	符号	单位	计算公式或数据来源	试验或计算数据 工况 I	试验或计算数据 工况 II
88	排烟处 O_2	O_2'	%	试验数据		
89	排烟处 CO	CO'	%	试验数据		
90	排烟处 H_2	H_2'	%	试验数据		
91	排烟处 H_2S	H_2S'	%	试验数据		
92	排烟处 C_mH_n	$C_m'H_n'$	%	试验数据		
93	燃料特征系数	β		对煤和油: $$\beta = 2.35 \times \frac{H_{ar} - 0.126 O_{ar} + 0.038 N_{ar}}{C_{ar} + 0.375 S_{ar}}$$ 对气体燃料: $$\beta = \left(\frac{0.209 N_2 + 0.395 CO + 0.396 H_2 + 1.584 CH_4}{CO_2 + 0.994 CO + 0.995 CH_4 + 2.001 \sum C_m H_n} + \frac{2.389 \sum C_m H_n - 0.791 O_2}{CO_2 + 0.994 CO + 0.995 CH_4 + 2.001 \sum C_m H_n} \right) - 0.791$$		
94	理论最大 RO_2 (即 CO_2+SO_2) 百分率	RO_2^{max}	%	$RO_2^{max} = \dfrac{21}{1+\beta}$		
95	修正系数	K_{q_4}	%	$K_{q_4} = \dfrac{100 - q_4}{100}$		

附录A 锅炉试验数据综合表

续表

序号	名称	符号	单位	计算公式或数据来源	试验或计算数据 工况Ⅰ	工况Ⅱ
96	排烟处过量空气系数	α_{ds}		对煤和油：$$\alpha_{ds}=\dfrac{21}{21-79\times\dfrac{O_2'-(0.5CO+0.5H_2'+2C_mH_n')}{100-(RO_2'+O_2'+CO+H_2'+C_mH_n')}}$$ 对气体燃料：$$\alpha_{ds}=\dfrac{21}{21-79\times\dfrac{O_2'-(0.5CO+0.5H_2'+2CH_4')}{N_2'\dfrac{N_2(RO_2'+CO+CH_4')}{CO_2'+CO+\sum mC_mH_n'+H_2S}}}$$		
97	理论空气量	V^0	m^3/kg m^3/m^3	对煤和油：$V^0 = 0.0889(C_{ar}+0.375S_{ar})+0.265H_{ar}-0.0333O_{ar}$ 对于气体燃料：$V^0=0.0476\left[0.5CO+0.5H_2+1.5H_2S+2CH_4+\sum\left(m+\dfrac{n}{4}\right)C_mH_n - O_2\right]$		
98	RO_2（即CO_2+SO_2）容积	V_{RO_2}	m^3/kg m^3/m^3	对煤和油：$V_{RO_2}=1.866\times\dfrac{C_{ar}+0.375S_{ar}}{100}$ 对气体燃料：$V_{RO_2}=0.01(CO_2+CO+H_2S+\sum mC_mH_n)$		

稠油注汽系统节能监测与评价方法

续表

序号	名称	符号	单位	计算公式或数据来源	试验或计算数据 工况 I	工况 II
99	理论氮气体积	$V_{N_2}^0$	m³/kg m³/m³	对煤和油： $V_{N_2}^0 = 0.79V^0 + \dfrac{0.8N_{ar}}{100}$ 对气体燃料： $V_{N_2}^0 = 0.79V^0 + \dfrac{0.8N_2}{100}$		
100	雾化用蒸汽耗汽率	D_{ato}	kg/kg	试验数据或 D_{pu}/B		
101	理论水蒸气容积	$V_{H_2O}^0$	m³/kg m³/m³	对煤和油： $V_{H_2O}^0 = 0.111H_{ar} + 0.0124M_{ar} + 0.0161V^0 + 1.24D_{ato}$ 对气体燃料： $V_{H_2O}^0 = 0.01(H_2S + H_2 + \sum_{2}^{n}\dfrac{m}{2}C_mH_n + 0.124M_w) + 0.161V^0$		
102	排烟处水蒸气体积	V_{H_2O}	m³/kg m³/m³	$V_{H_2O} = V_{H_2O}^0 + 0.0161(\alpha_{ds} - 1)V^0$		
103	排烟处干烟气体积	$V_{d.fg}$	m³/kg m³/m³	$V_{d.fg} = V_{RO_2} + V_{N_2}^0 + (\alpha_{ds} - 1)V^0$		
104	排烟处烟气体积	V_{ds}	m³/kg m³/m³	$V_{ds} = V_{d.fg} + V_{H_2O}$		

附录 A 锅炉试验数据综合表

续表

序号	名称	符号	单位	计算公式或数据来源	试验或计算数据 工况 I	工况 II
106	气体不完全燃烧热损失	q_3	%	$q_3 = \dfrac{V_{d.fg} K_{q_3}}{Q_{in}} \times (126.36 CO' + 107.98 H'_2 + 590.79 C_m H'_n) \times 100$		
107	入炉冷空气温度	t_{ca}	℃	试验数据		
108	入炉热空气温度	t_{ha}	℃	试验数据		
109	排烟温度	t_{ds}	℃	试验数据		
110	排烟处干烟气平均比定压热容	$c_{d.fg}$	kJ/(m³·℃)	$c_{d.fg} = \dfrac{RO'_{2 c_{RO_2}} + N'_{2 c_{N_2}} + O'_{2 c_{O_2}} + CO' c_{CO} + H'_{2 c_{H_2}} + \cdots}{100}$ ($c_{RO_2}, c_{N_2}, c_{O_2}, \cdots$,查表)		
111	排烟处烟气焓	h_{ds}	kJ/kg kJ/m³	$h_{ds} = V_{d.fg} c_{d.fg} t_{ds} + V_{H_2O} c_{H_2O} t_{ds} \; [(ct)_{ds}$ 查表]		
112	入炉冷空气焓	h_{ca}	kJ/kg	$h_{ca} = \alpha_{ds} V^0 (ct)_{ca} \; [(ct)_{ca}$ 查表]		
113	排烟热损失	q_2	%	$q_2 = \dfrac{K_{q_1}}{Q_{in}} (h_{ds} - h_{ca}) \times 100$		
114	散热损失	q_5	%	按 GB/T 10180—2017《工业锅炉热工性能试验规程》中附录 F 计算		
115	燃烧室排出炉渣温度	t_s	℃	试验数据或经验数据		

— 181 —

续表

序号	名称	符号	单位	计算公式或数据来源	试验或计算数据	
					工况 I	工况 II
116	漏煤温度	t_{cl}	℃	试验数据或经验数据		
117	溢流灰温度	t_{oa}	℃	测试数据		
118	烟道灰温度	t_{pd}	℃	试验数据		
119	循环灰温度	t_{rec}	℃	试验数据		
120	飞灰温度	t_{as}	℃	同排烟温度		
121	冷灰温度	t_{cs}	℃	试验数据		
122	炉渣灰焓	$(ct)_s$	kJ/kg	查表计算		
123	漏煤焓	$(ct)_{cl}$	kJ/kg	查表计算		
124	烟道灰焓	$(ct)_{pd}$	kJ/kg	查表计算		
125	循环灰焓	$(ct)_{rec}$	kJ/kg	查表计算		
126	冷灰焓	$(ct)_{ca}$	kJ/kg	查表计算		
127	溢流灰焓	$(ct)_{oa}$	kJ/kg	查表计算		
128	飞灰焓	$(ct)_{as}$	kJ/kg	查表计算		

附录 A 锅炉试验数据综合表

续表

序号	名称	符号	单位	计算公式或数据来源	试验或计算数据 工况 I	工况 II
129	灰渣物理热损失	q_6	%	$q_6 = \dfrac{A_{ar}}{Q_{in}} \left[\dfrac{a_s(ct)_s}{100-C_s} + \dfrac{a_{sl}(ct)_{sl}}{100-C_{sl}} + \dfrac{a_{pd}(ct)_{pd}}{100-C_{pd}} + \dfrac{a_{oa}(ct)_{oa}}{100-C_{oa}} \right.$ $\left. + \dfrac{a_{ca}(ct)_{ca}}{100-C_{ca}} + \dfrac{a_{rec}(ct)_{rec}}{100-C_{rec}} + \dfrac{a_{as}(ct)_{as}}{100-C_{as}} \right]$		
130	石灰石脱硫热损失	q_7	%	$q_7 = \dfrac{S_{ar}(57.19\gamma_{ca s}\beta_{Bj} - 151.95\eta_{SO_2})}{Q_{in}}$		
131	热损失之和	$\sum q$	%	$\sum q = q_2 + q_3 + q_4 + q_5 + q_6 + q_7$		
132	反平衡热效率	η_2	%	$\eta_2 = 100 - (q_2 + q_3 + q_4 + q_5 + q_6 + q_7)$		
(四)锅炉平均热效率计算						
133	锅炉平均热效率	$\eta_{1,2}$	%	$\eta_{1,2} = (\eta_1 + \eta_2)/2$		
(五)锅炉净效率计算						
134	制粉系统每小时(包括破碎、筛分、磨煤、给煤等)用电量	N_m	kW	试验数据		

稠油注汽系统节能监测与评价方法

续表

序号	名称	符号	单位	计算公式或数据来源	试验或计算数据 工况I	试验或计算数据 工况II
135	燃烧设备用电量（包括炉排变速箱电动机、燃油气燃烧器电动机、燃油加热器等）	N_{com}	kW	试验数据		
136	鼓（送）风机电动机功率	N_{sc}	kW	试验数据		
137	引风机电动机功率	$N_{in\cdot a}$	kW	试验数据		
138	给水泵电动机功率	N_{fw}	kW	试验数据		
139	每小时总用电量	$\sum N$	kW	$\sum N = N_{m} + N_{com} + N_{sc} + N_{in\cdot a} + N_{fw}$		
140	相当于每小时每吨蒸汽的用电量	E_b	kW	$E_b = \dfrac{\sum N}{D_{out}}$		
141	锅炉净热效率	η_{net}	%	$\eta_{net} = \eta_{t,2} - \dfrac{\sum N \times 3600 + D_{pd}(h_{pd} - h_{fw})}{BQ_m}$		

注：① 本表中内容适用于以煤、油、气为燃料或以电能为输入能量的常规锅炉定型试验，未考虑脱硫脱硝的影响；当试验锅炉燃用其他燃料，或试验用于其他目的，或试验过程中脱硫脱硝等时，本表的内容可作相应调整。
② 本表中的表达为一种工质的计算例表，如有两种或两种以上工质时，第二种或两种以上工质吸收的有效热量计入在总的有效热量内。
③ 本表中"（五）锅炉净效率计算"这部分为可选项，在需要时予以保留。
源自：GB/T 10180—2017《工业锅炉热工性能试验规程》。

附录B 烟气、灰和空气的平均比定压热容

烟气、灰和空气的平均比定压热容见表B.1。

表B.1 烟气、灰和空气的平均比定压热容

温度[①] ℃	平均比定压热容 c kJ/(m³·℃)							
	RO_2	N_2	O_2	H_2O	CO	H_2	CH_4	灰	空气
0	1.5998	1.2946	1.3059	1.4943	1.2992	1.2766	1.5500	0.7955	1.3183
10	1.6099	1.2947	1.3071	1.4954	1.2995	1.2780	1.5591	0.7997	1.3194
20	1.6199	1.2948	1.3083	1.4965	1.2997	1.2794	1.5682	0.8039	1.3200
30	1.6299	1.2949	1.3095	1.4976	1.3000	1.2808	1.5773	0.8081	1.3206
40	1.6399	1.2950	1.3107	1.4987	1.3002	1.2822	1.5864	0.8123	1.3212
50	1.6499	1.2951	1.3119	1.4998	1.3005	1.283	1.5955	0.8165	1.3218
100	1.7003	1.2958	1.3176	1.5052	1.3017	1.2908	1.6411	0.8374	1.3243
150	1.7438	1.2978	1.3266	1.5137	1.3040	1.2940	1.7000	0.8521	1.3281
160	1.7525	1.2982	1.3284	1.5154	1.3046	1.2946	1.7118	0.8550	1.3289
170	1.7612	1.2986	1.3302	1.5171	1.3052	1.2952	1.7236	0.8579	1.3297
180	1.7699	1.2990	1.3320	1.5188	1.3058	1.2958	1.7354	0.8608	1.3305
190	1.7786	1.2994	1.3338	1.5205	1.3066	1.2964	1.7472	0.8637	1.3313
200	1.7873	1.2996	1.3352	1.5223	1.3071	1.2971	1.7589	0.8667	1.3318
300	1.8627	1.3067	1.3561	1.5424	1.3167	1.2992	1.8861	0.8918	1.3423
600	—	—	—	—	—	—	—	0.9504	—
800	—	—	—	—	—	—	—	0.9797	—
900	—	—	—	—	—	—	—	1.0048	—

注：低于0℃时可按外插法延伸。

源自：GB/T 10180—2017《工业锅炉热工性能试验规程》。

附录 C 常用气体有关量值

常用气体有关量值见表 C.1。

表 C.1 常用气体有关量值

名称	分子式	密度，kg/m³	沸点，℃	低位发热量，kJ/m³
甲烷	CH_4	0.7168	−161.5	35773.6
乙烷	C_2H_6	1.3570	−88.5	63669.04
乙烯	C_2H_4	1.2610	−103.5	58989.83
乙炔	C_2H_2	1.1709	−83.6	55983.26
丙烷	C_3H_8	2.0200	−42.6	91121.25
丙烯	C_3H_6	1.914	−47	85894.25
丁烷	C_4H_{10}	2.703	0.5	118498.18
异丁烷	C_4H_{10}	2.668	−10.2	117921.12
丁烯	C_4H_8	2.50	−6	113367.35
戊烷	C_5H_{12}	3.457	36.1	145896.02
硫化氢	H_2S	1.5390	−60.4	23354.24
氢	H_2	0.0899	−252.78	10784.35
一氧化碳	CO	1.2500	−191.5	—
二氧化碳	CO_2	1.9768	−78.48	—
二氧化硫	SO_2	2.9263	−10.0	—
水蒸气	H_2O	0.804	100	—
氧	O_2	1.42895	−182.97	—
氮	N_2	1.2505	−195.81	—
空气（干）	—	1.2928	−193	—
一氧化氮	NO	1.3402	−152	—
一氧化二氮	N_2O	1.9780	−88.7	—

源自：GB/T 10180—2017《工业锅炉热工性能试验规程》。

附录 D 地面设备及管道总放热系数 α 的计算

辐射放热系数（$α_r$）的计算：

$$α_r = εσ \left(\frac{t_w^4 - t_f^4}{t_w - t_f} \right) × 10^{-8} \quad (D.1)$$

式中 $α_r$——辐射放热系数，W/（m²·K）；
　　t_w——壁面温度，k；
　　t_f——环境温度，k；
　　$ε$——表面的发射率，可参照表 D.1 选取；
　　$σ$——辐射系数，取 5.67W/（m²·K⁴）。

表 D.1 物体表面发射率

材料和表面状况	t，℃	$ε$
表面磨光的铝	225～575	0.027～0.057
表面不光的铝	26	0.055
在 600℃时氧化后的铝	200～600	0.11～0.19
表面磨光的铁	425～1020	0.144～0.377
氧化后的铁	100	0.736
未经加工处理的铸铁	925～1115	0.87～0.95
表面磨光的钢铸件	770～1040	0.52～0.56
经过研磨的钢板	940～1100	0.55～0.61
在 600℃时氧化后的钢	200～600	0.80
在 600℃时氧化后的生铁	200～600	0.64～0.78

续表

材料和表面状况	t,℃	ε
氧化铁	500～1200	0.85～0.95
无光泽的黄铜板	50～350	0.22
在600℃时氧化后的黄铜	200～600	0.59～0.61
精密磨光的电解铜	80～115	0.018～0.023
在600℃时氧化后的铜	200～600	0.57～0.87
镀镍酸洗而未经磨光的铁	20	0.11
在600℃时氧化后的镍	200～600	0.37～0.48
锡、光亮的镀锡铁皮	25	0.043～0.064
纯汞	0～100	0.09～0.12
磨光的纯银	225～625	0.0198～0.0324
铬	100～1000	0.08～0.26
有光泽的镀锌铁皮	28	0.228
石棉纸	40～370	0.93～0.945
石棉板	40	0.96
石棉水泥	40	0.96
石棉瓦	40	0.97
水面	0～100	0.95～0.963
石膏	20	0.903
建筑用砖	20	0.93
耐火砖	—	0.8～0.9
上釉的黏土耐火砖	1100	0.75
白油漆、白色珐琅	23	0.9
有光泽的黑漆	25	0.875
无光泽的黑漆	40～95	0.9～0.98
各种不同颜色的油质涂料	100	0.92～0.96

附录D 地面设备及管道总放热系数 α 的计算

续表

材料和表面状况	t, ℃	ε
各种不同含铝量的铝质涂料	100	0.27～0.67
平整的玻璃	22	0.937
烟炱	95～270	0.95
石灰浆粉刷	10～88	0.91
油纸	21	0.91
耐火黏土	100	0.91
黏土（干）	20	0.92
黏土（湿）	20	0.95
混凝土（粗糙表面）	40	0.94
橡胶（硬质的）	40	0.94
雪	-12～-7	0.82

自然对流放热系数（α_{ca}）的计算：

根据格拉晓夫数（Gr）与普朗特数（Pr）的乘积、壁面状况和定性尺寸，从表D.2中选出相应的公式，计算自然对流放热系数 α_{ca}。

表D.2 自然对流换热系数计算式

表面形状与位置		$Gr \cdot Pr$		定性尺寸 L, m
		$10^4 \sim 10^9$（层流）	$10^9 \sim 10^{13}$（紊流）	
竖直平壁与竖直圆柱体		$\alpha_{ca}=1.42\left(\dfrac{t_w-t_f}{H}\right)^{1/4}$	$\alpha_{ca}=1.31(t_w-t_f)^{1/3}$	高度 H
水平圆柱体		$\alpha_{ca}=1.32\left(\dfrac{t_w-t_f}{D}\right)^{1/4}$	$\alpha_{ca}=1.24(t_w-t_f)^{1/3}$	直径 D
水平平壁	放热面向上	$\alpha_{ca}=1.32\left(\dfrac{t_w-t_f}{L}\right)^{1/4}$	$\alpha_{ca}=1.43(t_w-t_f)^{1/3}$	短边 L
	放热面向下	$\alpha_{ca}=0.61\left(\dfrac{t_w-t_f}{L}\right)^{1/4}$	—	短边 L

（1）格拉晓夫数（Gr）可按下式计算：

$$Gr = \frac{\beta g \Delta t L^3}{\upsilon^2} \quad \text{（D.2）}$$

$$T = \frac{1}{2}(t_w + t_f) \quad \text{（D.3）}$$

$$\Delta t = t_w - t_f \quad \text{（D.4）}$$

式中 β——空气的体积膨胀系数，$\beta=1/T$，K^{-1}；
$\quad g$——重力加速度，取 $9.81 m/s^2$；
$\quad L$——定性尺寸（表 D.2），m；
$\quad \Delta t$——外壁表面温度和环境温度之差，K；
$\quad \upsilon$——空气的运动黏度（可从表 D.3 中查得），m^2/s。

（2）普朗特数（Pr）可从表 D.3 中查得。

强制对流放热系数（α_{cw}）的计算：

$$\alpha_{cw} = \frac{Nu_m \lambda_a}{D} \quad \text{（D.5）}$$

式中 λ_a——空气的导热系数，按壁面表面温度和环境温度的平均值选取，W/（m·K）；
$\quad D$——定性尺寸，m；
$\quad Nu_m$——努塞尔数。

表 D.3 干空气的热物理性质（$p \approx 1.01 \times 10^5$ Pa=760 mmHg）

t ℃	p kg/m³	c_p kJ/(kg·K)	λ 10²W/(m·K)	α 10⁶m²/s	μ 10⁶Pa·s	υ 10⁶m²/s	Pr
-50	1.584	1.013	2.04	12.7	14.6	9.23	0.728
-40	1.515	1.013	2.12	13.8	15.2	10.04	0.728
-30	1.453	1.013	2.20	14.9	15.7	10.80	0.723
-20	1.395	1.009	2.28	16.2	16.2	11.61	0.716
-10	1.342	1.009	2.36	17.4	16.7	12.73	0.712

附录D 地面设备及管道总放热系数 α 的计算

续表

t ℃	p kg/m³	c_p kJ/(kg·K)	λ 10²W/(m·K)	a 10⁶m²/s	μ 10⁶Pa·s	v 10⁶m²/s	Pr
0	1.293	1.005	2.44	18.8	17.2	13.28	0.707
10	1.247	1.005	2.51	20.0	17.6	14.16	0.705
20	1.205	1.005	2.59	21.4	18.1	15.06	0.703
30	1.165	1.005	2.67	22.9	18.6	16.00	0.701
40	1.128	1.005	2.76	24.3	19.1	16.96	0.699
50	1.093	1.005	2.83	25.7	19.6	17.95	0.698
60	1.060	1.005	2.90	27.2	20.1	18.97	0.696
70	1.029	1.009	2.96	28.6	20.6	20.02	0.694
80	1.000	1.009	3.05	30.2	21.1	21.09	0.692
90	0.972	1.009	3.13	31.9	21.5	22.10	0.690
100	0.946	1.009	3.21	33.6	21.9	23.13	0.688
120	0.898	1.009	3.34	36.8	22.8	25.45	0.686
140	0.854	1.013	3.49	40.3	23.7	27.80	0.684
160	0.815	1.017	3.64	43.9	24.5	30.09	0.682
180	0.779	1.022	3.78	47.5	25.3	32.49	0.681
200	0.746	1.026	3.93	51.4	26.0	34.85	0.680
250	0.674	1.038	4.27	61.0	27.4	40.61	0.677
300	0.615	1.047	4.60	71.6	29.7	48.33	0.674
350	0.566	1.059	4.91	81.9	31.4	55.46	0.676
400	0.524	1.068	5.21	93.1	33.0	63.09	0.678
500	0.456	1.093	5.74	115.3	36.2	79.38	0.687
600	0.404	1.114	6.22	138.3	39.1	96.89	0.699
700	0.362	1.135	6.71	163.4	41.8	115.40	0.706
800	0.329	1.156	7.18	188.8	44.3	134.80	0.713
900	0.301	1.172	7.63	216.2	46.7	155.10	0.717
1000	0.277	1.185	8.07	245.9	49.0	177.10	0.719
1100	0.257	1.197	8.50	276.2	51.2	199.30	0.722
1200	0.239	1.210	9.15	316.5	53.5	233.70	0.724

注：表中所用符号的意义，t—温度；ρ—密度；c_p—比定压热容；λ—导热系数；a—热扩散率；μ—动力黏度；v—运动黏度；Pr—普朗特数。

（1）风垂直吹向横卧单管时，可按下式计算 Nu_m：

$$Nu_m = 1.11 A Re^n Pr^{0.31} \quad (D.6)$$

$$Re = \frac{W \cdot D}{\upsilon} \quad (D.7)$$

式中　Re——雷诺数；

　　　W——风速，m/s；

　　　Pr——普朗特数；

　　　A，n——系数，可从表 D.4 中查得。

表 D.4　A 和 n 系数值

管截面和风向	Re	A	n
→ ○	0.4～4	0.891	0.330
	4～4×10	0.821	0.385
	4×10～4×10³	0.615	0.466
	4×10³～4×10⁴	0.174	0.618
	4×10⁴～4×10⁵	0.024	0.805

如果风向与管道的轴线成不同的夹角，可将式（D.7）算得的 Nu_m 值乘以表 D.5 给出的修正系数，再代入式（D.5）中计算强制对流放热系数。

表 D.5　修正系数

风向与管轴夹角，（°）	90	80	70	60	50	40	30	20
修正系数 φ	1.0	1.0	0.99	0.95	0.86	0.75	0.63	0.5

（2）对于平壁，层流边界层和紊流边界层的平均努塞尔数，可利用下列公式计算：

层流边界层（$Re \leqslant 5 \times 10^5$）：

附录 D 地面设备及管道总放热系数α的计算

$$Nu_m = 0.664 Re^{1/2} \cdot Pr^{1/3} \quad (D.8)$$

紊流边界层（$Re>5\times10^5$）：

$$Nu_m = 0.036 Re^{4/5} \cdot Pr^{1/3} \quad (D.9)$$

式中 Re 按式（D.7）计算，Pr 可从表 D.3 中查得。

总放热系数（α）的计算：

（1）对于室内设备和管道或风速小于 0.1m/s 的室外设备和管道，可只考虑辐射放热和自然对流放热，按下式计算总放热系数：

$$\alpha = \alpha_r + \alpha_{ca} \quad (D.10)$$

（2）对于室外设备和管道，当 $0.1 < \dfrac{Gr}{Re^2} < 10$，宜同时考虑辐射、自然对流和强制对流的影响，按下式计算总放热系数：

$$\alpha = \alpha_r + \alpha_{ca} + \alpha_{cw} \quad (D.11)$$